科学。奥妙无穷 ▶

全球平原
博览 ＞

张玲 编著

北方妇女儿童出版社

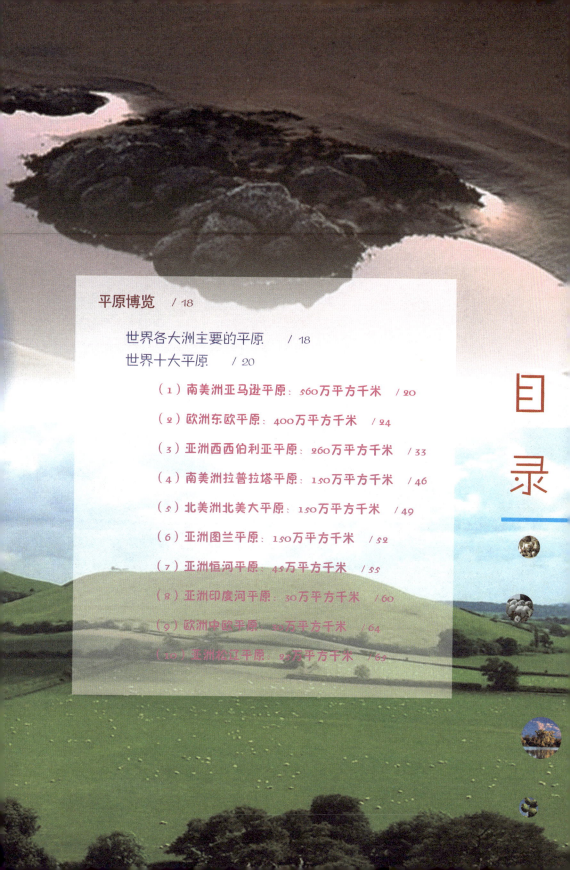

目录

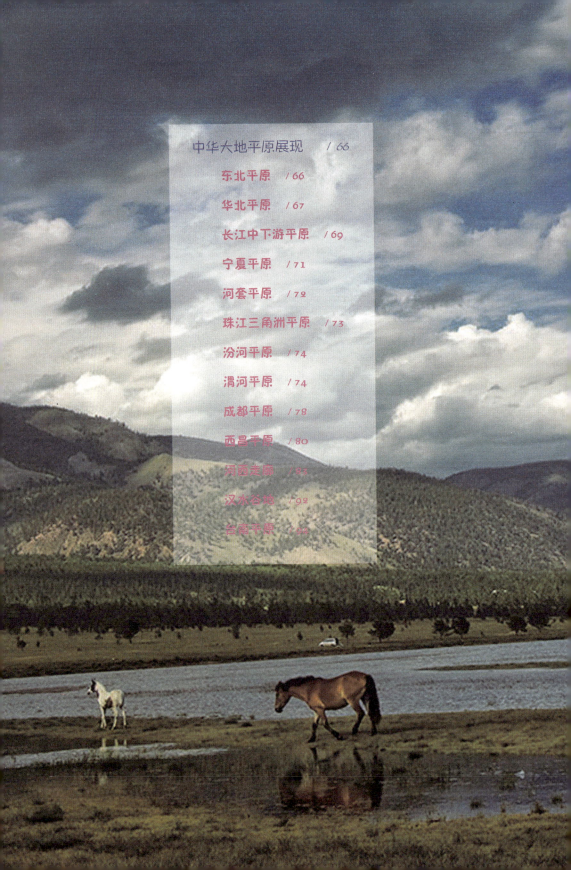

目录

在人类生活的这个星球上，有那么一块块地方。它一望无际、辽阔无边，经过万年侵蚀、条条江河不断冲积，造就了它今日的广袤无垠，在蓝天白云的映衬之下，它是那样的生机勃勃——这就是平原。

● 平原基础知识篇

平原 — 概述 〉

　　陆地上海拔高度相对比较小的广阔而平坦的地区称为平原。它的主要特点是地势低平、起伏和缓，相对高度一般不超过50米，坡度在5°以下。它以较低的高度区别于高原，以较小的起伏区别于丘陵。

平原 — 形成 〉

　　平原是地壳长期稳定、升降运动极其缓慢的情况下，经过外力剥蚀夷平作用和堆积作用形成的。冲积平原主要由河流冲积而成。它的特点是地面平坦、面积广大，多分布在大江、大河的中下游两岸地区。侵蚀平原主要由海

水、风、冰川等外力的不断剥蚀、切割而成。这种平原地面起伏较大。

如华北平原的形成一直可以追溯到1.3亿年以前的燕山运动时期。那时北方地区曾发生一次强烈的地壳运动，形成了高耸的太行山。到了距今3000万年前的喜马拉雅运动时，太行山被再次抬升，东部地区继续下陷。久而久之，就在山麓东部形成一大片扇面状冲积平原，由于黄河、海河、滦河等水系每年都要携带大量泥沙，自西而东冲刷和堆积到东部低洼地区，使古冲积扇面积不断向东延伸扩大，最后终于形成了坦荡辽阔的华北平原。

平原——特点 〉

世界平原总面积约占全球陆地总面积的1/4，平原不但面积广大，而且土地肥沃，水网密布，交通发达，是经济文化发展较早、较快的地方，比如中国的长江中下游平原就有"鱼米之乡"的美称；一些重要矿产资源，如煤、石油等也富集在平原地带，例如中东地区的美索不达米亚平原；也是发展农业专门化和机械化生产的绝好场所，例如美国的中部平原地区等。

平原 — 分类 ›

平原的类型较多，按其成因一般可分为构造平原、侵蚀平原和堆积平原，但大多数平原的形成一般都是河流冲击的结果，如长江中下游平原就是冲积平原。堆积平原是在地壳下降运动速度较小的过程中，沉积物补偿性堆积形成的平原，洪积平原、冲积平原、海积平原都属于堆积平原。侵蚀平原，也叫剥蚀平原，是在地壳长期稳定的条件下，风化物因重力、流水的作用而使地表逐渐被剥蚀，最后形成的石质平原。侵蚀平原一般略有起伏状，如中国江苏徐州一带的平原。构造平原是因地壳抬升或海面下降而形成的平原，如俄罗斯平原。

平原的其他分类标准很多，成因复杂。根据海拔高度，平原可分为低平原（海拔200米以下）和高平原（海拔200~500米之间）；根据地表形态可分为平坦平原（如冲积平原）、倾斜平原（如海岸平原、山前平原）、碟状平原（如内陆平原、湖成平原）、波状平原（如冰碛平原、多河流泛滥平原）等；根据成因可分为构造平原、和非构造平原，非构造平原又分为堆积平原和侵蚀平原。

• 海蚀平原

　　指由于受海水冲蚀作用而形成的宽广而平缓的区域。在基岩港湾海岸的前方，由于长期受海水冲蚀作用，形成了规模很大的海蚀平台，后来，由于地壳的上升或海水面的下降，导致海蚀平台位于海面以上某一高度，即形成海蚀平原。其特征：表面宽广而平缓，坡面微微向海倾斜，地表岩层的构造面与地形面不相符合。

• 冰蚀平原

　　由大陆冰川长期挖蚀和磨蚀作用所形成的辽阔平原。大陆冰川范围分布广泛，冰层厚度大，冰蚀作用明显，故基岩面上常常有冰擦痕、羊背石和冰蚀洼地发育。

• 准平原

准平原在山峦起伏的广大地区，经长期侵蚀剥蚀作用把地面夷平为起伏平缓的平原。1889 年美国 W.M. 戴维斯提出此概念，他认为地貌是构造、过程与阶段的函数，构造运动处于长时间稳定阶段，高地被蚀低，河谷变宽、变浅，最终整个地面变成仅有微小起伏的平原地形，即为准平原。地壳较长期相对稳定的地区，在风化作用和外动力作用下，坡面过程导致坡面变缓，地貌夷平，河间分水地降低，接近侵蚀基准面，地表面形成仅在主要分水地区可能有残丘的微波状起伏平原。戴维斯认为，准平原是侵蚀循环中最后阶段，即老年期的地貌形态。自然界确实存在准平原形态，虽然其形成过程不是戴维斯所设想的简化理想模式，也不一定是自上向下夷平的准平原化作用的结果，但准平原地貌上的重力、流水等外动力侵蚀作用，确因接近侵蚀基准面而相当和缓，对地表形态的改造十分缓慢。若地壳继续保持相对稳定，侵蚀基准面不发生较大变动，这种形态将基本稳定。从这个意义讲，地貌发育进入了老年期。

13

• 湖积平原

　　由湖泊沉积物淤积而形成的平原叫湖积平原。湖泊沉积物的物质来源主要是河流搬运来的碎屑及湖浪对湖岸冲蚀破坏后的碎屑，这些碎屑物质包括砾石、砂粒和细粒黏土。沉积物自湖岸向湖的中心由粗变细，具有良好的水平层理。湖泊由于泥沙日益淤积，湖底不断填高，湖水变浅，最后整个湖泊被淤塞而消亡，代之而起的是宽广的平原，湖南的洞庭湖与湖北中部的湖群，古代曾是连成一片的"云梦泽"。由于长江及其支流搬运来的泥沙淤积，大部分已变成陆地，剩下最大的洞庭湖现在淤积速度也很快，据统计湖底每年要淤高5厘米，所以洞庭湖仍在迅速缩小。湖积平原一般面积不大，地势低平，呈浅盆状，中部常有沼泽、洼地分布。

• 海积平原

　　由于海浪搬运淤积等因素，由海积物形成的平原地形可称为海积平原。海积平原是近代的海成平原，一般海拔在10米以下，都处于滨海地区，属于堆积平原范畴，在中国面积并不很大。海积平原在世界沿海地区广泛分布，但面积一般不是很大，不是主要的平原类型。以中国为例，福州平原、莆田平原、泉州平原、漳州平原、濠江两岸、惠来狮石湖、南澳后宅、番禺沿海地带、文昌平原等都属于海积平原。世界上，如里海沿岸低地、格陵兰岛沿岸、哈得逊湾沿岸等滨海地区都有少量分布。

• 三角洲平原

三角洲平原是由三角洲发展而成的平原。当河流注入海洋或大湖时，在河口附近发生大量堆积，形成堆积体。堆积体逐渐加积，脱水成陆，并向海（湖）域推进，发育成三角洲平原，表面平缓微向海（湖）倾，流动在三角洲平原上的河流善淤易决，许多成分支、汊道或湖沼洼地。如长江三角洲平原。

• 泛滥平原

泛滥平原即"河漫滩"，是指河床与谷坡间枯水时出露，洪水时被水淹没的部分。一般洪水淹没的部分，被称为低河漫滩；特大洪水泛滥淹没的部分，称为高河漫滩。年轻的"V"形河谷，纵坡降大，流速快，冲积物不能停积，河漫滩不发育。随着"V"形河谷的加宽，在弯曲河床的凸岸，砂、砾石等河床相先沉积下来；洪水期河漫滩上的水深、流速与河床部分不同，促使悬移质泥沙沉积、漫面增高。这种下部由较粗的河床相沉积物、上部由较细的洪水泛滥泥沙所组成的双层结构，被称为河漫滩的二元结构。山区河流坡度陡、水流急，泥沙不易沉积，河床横向移动的结果，形成基岩裸露的石质河漫滩，或只有部分粗大砾石的砾质河漫滩。所以，河漫滩形成过程，是河流侧蚀作用不断发展、河床不断移动的结果。

高河漫滩

15

QUAN QIU PING YUAN BO LAN

• 冲积平原

冲积平原是由河流沉积作用形成的平原地貌。在河流的下游，由于水流没有上游般急速，而下游的地势一般都比较平坦。河流从上游侵蚀了大量的泥沙，到了下游后因流速不再足以携带泥沙，结果这些泥沙便沉积在下游。尤其当河流发生水侵时，泥沙在河的两岸沉积，冲积平原便逐渐形成。基本上任何河流在下游都会有沉积现象，尤其是一些较长的河流为甚。世界上最大的冲积平原是亚马逊平原，由亚马逊上游的泥沙冲积而成；而中国的黄河三角洲和长江中下游平原亦属这一地形，还有中国的宁夏平原也是典型的冲积平原。

• 侵蚀平原

又称石质平原，是一种非构造平原。当地壳处于长期稳定的情况下，崎岖不平的山地，在温度变化，风雨、冰雪和流水等外力剥蚀作用下，逐渐崩解破碎成碎粒。并被流水搬运山地慢慢夷平成低矮平缓的平原。侵蚀平原的地势很不平坦，有比较明显的起伏；地表土层较薄，多风化后的残积物，有大小石块等粗粒物质；岩石往往突露地表，有一些孤立的残丘和小山散布在平原之上。如我国泰山周围、徐州与蚌埠之间都有波状起伏的石质平原。侵蚀平原包括海蚀平原、河蚀平原、风蚀平原、冰蚀平原和溶蚀平原等。

• 堆积平原

　　地壳长期的大面积下沉，地面不断地接受各种不同成因的堆积物的补偿，形成平缓的广阔平原，叫堆积平原，是非构造平原的一种。例如渤海底部和河北省的滨海平原至今仍以每年1厘米的速度沉降，第四纪（距今200万年前）以来的沉降总幅度已达800～1000米。但河流泥沙堆积以速度超过了地壳下沉速度，所以平原正在扩大增长，向渤海推进，茫茫沧海将变成万顷良田。按堆积物的成因堆积平原，可分为洪积平原、冲积平原、海积平原、湖积平原、冰川堆积平原和冰水堆积平原等。堆积平原多产生于堆积基面附近，如海面、河面、湖面等附近。

• 高平原

　　高平原是海拔大于200米、小于1000米的广大平坦的地面。如中国的成都平原、河套平原和宁夏平原等。这些平原通常平坦、切割轻微。堆积物的成因有冲积、洪积和湖积等多种。

• 低平原

　　低平原是指海拔低于200米，为高地所限或与高地相连、切割微弱、平坦辽阔、堆积成因的平地。其堆积物的成因比较复杂，有冲积、洪积、湖积和海积等。如中国的华北平原。

● 平原博览

世界各大洲主要的平原 ＞

亚洲（暂不含中国）：恒河平原、印度河平原、美索不达米亚平原、西西伯利亚平原等。

欧洲：东欧平原、西欧平原、多瑙河中下游平原、波德平原（中欧平原）等。

非洲：尼罗河三角洲平原、尼日尔河三角洲平原等。

美洲：密西西比平原、大西洋沿岸平原、亚马逊平原（世界最大的平原）、拉普拉塔平原等。

澳大利亚：中部平原。

中国（大陆）主要的平原：东北平原（由辽河平原、松嫩平原、三江平原构成）、华北平原（又称黄淮海平原，南部是淮河平原）、长江中下游平原（由太湖平原、江淮平原、鄱阳湖平原、洞庭湖平原、江汉平原构成）、珠江三角洲平原、渭河平原（又称关中平原）、成都平原、河套平原等。

台湾主要的平原：浊水溪冲积平原（又称彰化平原）、嘉南平原（台湾最大的平原）、高屏溪冲积平原（又称屏东平原）、兰阳溪冲积平原（又称宜兰平原）、关渡平原、中央山脉和海岸山脉所构成的狭长型平原（花东纵谷平原）等。

香港最大的平原：元朗平原。

日本主要的平原：关东平原（日本最大的平原）、浓尾平原、畿内平原等。

19

世界十大平原 〉

(1)南美洲亚马逊平原：560万平方千米

地形

亚马逊平原西宽东窄，最宽处 1280 千米，地势低平坦荡。大部分在海拔 150 米以下，平原中部的马瑙斯，海拔仅 44 米。东部更低，逐渐接近海平面。亚马逊平原的河漫滩约占平原面积的 10%，由松软的近代冲积层组成，地势特别低下，河漫滩之外，45 ~ 60 米的陡岸之上为高位平原，在西经 60°以西最为宽广，表层物质由第三纪和第四纪的沙与黏土组成，已呈部分固结状态。亚马逊平原是在南美洲陆台亚马逊凹陷基础上，经第四纪上升、成陆后，由亚马逊河干、支流冲积而成的。下游河口附近，因近代沉降作用，没有三角洲出露。

气候

亚马逊平原全境属热带雨林气候，为世界上面积最广的赤道多雨区。终年受赤道低气压带控制，盛行上升气流，多对流雨。年平均气温 27 ~ 28℃，年平均降水量在 1500 ~ 2500 毫米之间。

水文

亚马逊河是世界上流量最大、流域面积最广的河流。河流蜿蜒曲折，湖沼密布，汛期普遍遭受泛滥，排水不良。河口宽达 240 千米，泛滥期流量达每秒 18 万立方

米，是密西西比河的 10 倍。泻水量如此之大，使距岸边 160 千米内的海水变淡。已知支流有 1000 多条，其中 7 条长度超过 1600 千米。亚马逊河沉积下的肥沃淤泥滋养了 6.5 万平方千米的地区，它的流域面积约 705 万平方千米，几乎是世界上任何其他大河流域的两倍。

• 自然资源

亚马逊平原植物茂盛，种类繁多，特有种占总量的 1/3。据估计，林海中大约积蓄着 8 亿立方米木材，约占世界木材蓄积总量的 1/5。乔木以桃金娘科、芸香科、楝科、樟科、夹竹桃科等树种为主。盛产红木、乌木、绿木、巴西果、三叶胶、乳木、巴西樱桃果、象牙椰子等多种经济林木。巴西樱桃果树可长到 80 米高，樱桃果的含油量为 73%，比芝麻、花生的含油量高得多，可以食用，经济价值特别高。

亚马逊平原的野生动物种类非常繁多，而且数量丰富。热带雨林中栖息着猴子、树獭、蜂鸟、金刚、鹦鹉、巨大蝴蝶和无数蝙蝠；亚马逊河中生活着凯门鳄、淡水龟，以及水栖哺乳类动物如海牛、淡水海豚等；陆地生活着美洲虎、细腰猫、貘、水豚、犰狳等；另有 2500 种鱼，以及 1600 多种鸟。亚马逊森蚺是世界上最大的蛇，最长可达 10 米，重达 225 千克以上，粗如成年男子的躯干；但一般森蚺长度在 5.5 米以下。森蚺生性喜水，通常栖息在泥岸或者浅水中，捕食水鸟、龟、

水豚、貘等，有时甚至吞吃长达 2.5 米的凯门鳄。森蚺会把凯门鳄紧紧缠绕，直到它窒息死亡，然后整条吞下去，此后几个星期不用进食。尽管成年森蚺是极可怕的猎食动物，但是幼蚺出生时长不过 76 厘米。幼蚺是卵胎生的，有时一胎达 70 条左右。许多幼蚺被凯门鳄吃掉。幸存的长大后，反过来吃凯门鳄。亚马逊河原产的物种：食人鲳、海伦娜闪蝶、勐仑王莲等。

- ● **成因**

亚马逊河冲积形成广大的平原地形。

- ● **环境问题**

人类从 16 世纪起开始开发亚马逊平原的原始森林。1970 年，巴西总统为了解决东北部的贫困问题，又做出了"开发亚马逊地区"的决策。这一决策使该地区每年约有 8 万平方千米的原始森林遭到破坏，1969—1975 年，巴西中西部和亚马逊地区的森林被毁掉了 11 万多平方千米，巴西的森林面积同 400 年前相比，整整减少了一半。热带雨林的减少不仅意味着森林资源的减少，而且意味着全球范围内的环境恶化，因为森林具有涵养水源、调节气候、消减污染及保持生物多样性的功能。亚马逊平原的热带雨林对于全世界以及生存在世界上的一切生物的健康都是至关重要的。

热带雨林像一个巨大的吞吐机。树林每年吸收全球排放的大量二氧化碳，这种气体的大量存在使地球变暖，危害气候，

以至极地冰盖融化，引起洪水泛滥。树木也产生氧气，它是人类及所有动物的生命所必需的。亚马逊热带雨林由此被誉为"地球之肺"，如果亚马逊的森林被砍伐殆尽，地球上维持人类生存的氧气将减少1/3。有些雨林的树木长得极高，达60米以上，它们的叶子形成"篷"，像一把雨伞，将光线挡住，因此树下几乎不生长什么低矮的植物。

热带雨林又像一个巨大的抽水机，从土壤中吸取大量的水分，再通过蒸腾作用，把水分散发到空气中。另外，森林土壤有良好的渗透性，能吸收和滞留大量的降水。亚马逊热带雨林贮蓄的淡水占地表淡水总量的23%。森林的过度砍伐会使土壤侵蚀、土质沙化，引起水土流失。巴西东北部的一些地区就因为毁掉了大片的森林而变成了巴西最干旱、最贫穷的地方。在秘鲁，由于森林不断遭到破坏，1925—1980年间就爆发了4300次较大的泥石流、193次滑坡，直接死亡人数达4.6万人。亚马逊平原每年仍有0.3万平方千米土地的20厘米厚的表土被冲入大海。

除此之外，森林还是巨大的基因库，地球上约1000万个物种中，有200～400万种都生存于热带、亚热带森林中。在亚马逊河流域的仅0.08平方千米左右的取样地块上，就可以得到4.2万个昆虫种类，亚马逊热带雨林中每平方千米不同种类的植物达1200多种，地球上动植物的1/5都生长在这里。然而由于热带雨林的砍伐，那里每天都至少消失一个物种。有人预测，随着热带雨林的减少，数年后，至少将有50～80万种动植物种灭绝。

• (2)欧洲东欧平原：400万平方千米

也称俄罗斯平原，是世界最大平原之一。北起北冰洋，南到黑海、里海之滨，东起乌拉尔山脉，西达波罗的海。面积约为400万平方千米，平均海拔170米。有海拔300～400米的瓦尔代丘陵、中俄罗斯丘陵、伏尔加河沿岸丘陵等，并有低于洋面的里海低地。由于地形波浪起伏，面积广大，各地的气候并不相同，动植物分布的差异也很大。从北向南，依次是严寒的苔原带、比较寒冷的森林带、气候适中的森林草原带、最南边的草原带，其中森林带占了平原总面积的一半以上。里海北岸为半荒漠和荒漠。主要河流有伏尔加河、顿河、第聂伯河。矿藏丰富，有世界著名的顿巴斯煤田、库尔斯克和克里沃罗格铁矿区、尼科波尔锰矿区、第二巴库油田。人口稠密，工农业和水陆交通发达，以莫斯科为中心，分布着很多重要工矿区，是俄罗斯的心脏部分。俄罗斯东欧部分、爱沙尼亚、拉脱维亚、立陶宛、白俄罗斯、乌克兰等国都在这片波状平原上。平原南部地形较平坦，以流水侵蚀作用为主，冲沟平谷地貌比较发育。

- **形成**

　　东欧平原在构造上属于俄罗斯陆台的一部分，在前寒武纪基底上覆盖了厚薄不一的自古生代至今的地层，基本上呈水平分布。在地形上它是一个广大平缓而稍有微波起伏的丘陵性大平原，丘陵性高地与面积不大的低地相互交错。平均海拔高度175米，最高463米（提曼山），但大部在200米以下，只有东南部里海沿岸低地在海平面以下，为海积平原。在第四纪冰期时，东欧平原曾遭到4次冰川侵袭，冰川活动是形成东欧平原现代地貌的主要原因之一。北部和西北部以冰川侵蚀地貌为主，地表起伏不平，多湖沼；中部为主要冰碛区，冰碛丘陵间夹有沼泽低地；南部为冰水沉积区，多泥沙质平原，地势较平坦，冲沟、坳沟、阶地较发育。看来东欧平原现代地貌的形成中既有侵蚀也有沉积。

- **位置**

　　位于欧洲东部，北起白海和巴伦支海，南抵黑海、亚速海、里海和高加索山，西界为斯堪的纳维亚山脉、中欧山地、喀尔巴阡山脉，东接乌拉尔山脉。

- **地貌**

　　地质构造上曾先后受4次冰期的影响，冰碛地貌十分发育。平原北部

25

有几条东北西南走向的终碛垄，瓦尔代高地即由终碛垄演化而成。冰碛丘陵之间，广布洼地、沼泽地。此外蛇形丘、鼓丘、冰碛埠等冰碛地貌也很普遍。平原南部地形较平坦。以流水侵蚀作用为主，冲沟平谷地貌比较发育。

平原北部有几条东北西南走向的终碛垄，瓦尔代高地即由终碛垄演化而成。冰碛丘陵之间，广布洼地、沼泽地。此外蛇形丘、鼓丘、冰碛埠等冰碛地貌也很普遍。丘陵性高地与低地交错分布，平均海拔约170米。平原北部广布冰川地形，有瓦尔代丘陵等典型的冰碛丘陵和冰水平原；南部流水地貌发育，黑海沿岸有干旱地貌。东欧平原的平均海拔虽然只有170米，但平原上既有许多海拔300米以上的丘陵如中俄罗斯丘陵、伏尔加丘陵等，也有低于洋面的里海低地。

• 山脉

乌拉尔山脉是欧、亚两洲的分界线。

乌拉尔山脉北起北冰洋喀拉海的拜达拉茨湾,南至哈萨克草原地带,绵延2000多千米,介于东欧平原和西西伯利亚平原之间。整条山脉自北至南分为极地、亚极地乌拉尔山地和北、中、南乌拉尔山五段。山势一般不高,平均海拔500～1200米;亚极地1894米的人民峰是乌拉尔山的最高峰。山脉的宽度为40～150千米。中段低平,是欧、亚两洲的重要通道。

乌拉尔山脉西坡较缓,东坡较陡。

27

3 米多高的洲际分界碑就立在东麓山坡前，距铁路不到 10 米。由于地理条件不同，乌拉尔山脉两边的矿产资源和动植物分布有着明显的区别。乌拉尔山脉是俄罗斯的一个矿藏宝库，它的东坡蕴藏着磁铁、铜、铝、铂、石棉等矿产；西坡则储有钾盐、石油和天然气。山脉东西坡气温不同，西坡的年平均降雨量比东坡多300毫米，分布着大片阔叶林和针叶林，林中生长着椴树、橡树、枫树、白桦等树种；东坡大多是落叶松。

乌拉尔山脉还是伏尔加河、乌拉尔河同东坡鄂毕河流域的分水岭。有趣的是生活在东西两侧河流的鱼儿也不一样：西侧河流里的鲑鱼体闪红光，而东侧河流里的马克鲟鱼和折东鱼等却都呈银白色。

• 气候

平原属温和的大陆性气候。伏尔加河为流经本区的主要河流。自然环境具有显著的地带性，自北而南可分为苔原、森林苔原、针阔叶混交林、森林草原、草原、半荒漠与荒漠等自然带。大部分地区地处北温带，气候温和湿润。西部大西洋沿岸夏季凉爽，冬季温和，多雨雾，是典型的海洋性温带阔叶林气候；东部因远离海洋，属大陆性温带阔叶林气候。东欧平原北部属温带针叶林气候。北冰洋沿岸地区冬季严寒，夏季凉爽而短促，属寒带苔原气候。南部地中海海沿岸地区冬暖多雨，夏热干燥，属亚热带地中海式气候。

• 河流

伏尔加河，俄罗斯人的母亲河。伏尔加河是世界上最大的内陆河，它发源于东欧平原西部的瓦尔代丘陵中的湖沼间。全长 3690 千米，最后注入里海，流域面积达 138 万平方千米，占东欧平原总面积的 1/3，是欧洲第一长河。伏尔加河的中北部是俄罗斯民族和文化的发祥地。千百年来，伏尔加河水滋润着沿岸数百万公顷肥沃的土地，养育着数千万俄罗斯各族儿女。伏尔加河流域冬季寒冷漫长，积雪深厚。冬季河面封冻，上游冰期长达 140 天，中下游在 90 ~ 100 天左右。到了夏季，大量的积雪融水流入伏尔河，这些水源对里海

伏尔加河

喀尔巴阡山脉

湖水的水量平衡，起着重要的调节作用。

• 资源

矿藏丰富，有世界著名的顿巴斯煤田、库尔斯克和克里沃罗格铁矿区、尼科波尔锰矿区、第二巴库油田。俄罗斯东欧部分、爱沙尼亚、拉脱维亚、立陶宛、白俄罗斯、乌克兰等国都在这片波状平原上。矿物资源以煤、石油、铁比较丰富。煤主要分布在乌克兰的顿巴斯。石油主要分布在喀尔巴阡山脉山麓地区、北海及其沿岸地区。其他比较重要的还有天然气、钾盐、铜、铬、褐煤、铅、锌、汞和硫磺等。阿尔巴尼亚的天然沥青世界著名。欧洲的森林面积约占全洲总面积的 39%（包括俄罗斯全部），占世界总面积的 23%。

煤

31

- **民族**

　　斯拉夫民族发源于今波兰东南部维斯杜拉河上游一带，于公元 1 世纪时开始向外迁徙，至 6 世纪时期居地已经遍布东欧以及俄罗斯地区。依居住地的不同，斯拉夫民族可分成东、西、南三支，其中东支主要分布于俄罗斯境内，分布在东欧各地者以西、南两支为主。

　　马扎尔人原为乌拉尔山西侧的草原民族，于公元 9 世纪建立匈牙利王国。在向西迁徙的过程中，曾与斯拉夫人、西突厥人混居，移居匈牙利平原之后又受日耳曼文化的影响。

　　阿尔巴尼亚人主要分布于今阿尔巴尼亚和塞尔维亚的科索沃省，由于 14 世纪

斯拉夫人

以后一直到土耳其的统治，文化充满东方色彩，宗教上也以信仰伊斯兰教为主。

　　罗马尼亚人是东欧唯一的拉丁语民族，但跟大多数斯拉夫民族一样，信奉东正教，他们是古罗马人的后裔，因罗马帝国曾在此建省并以统治为由留居东欧。

- **国家**

　　俄罗斯东欧部分、爱沙尼亚、拉脱维亚、立陶宛、白俄罗斯、乌克兰等国都在这片波状平原上。

马扎尔人

• (3)亚洲西西伯利亚平原: 260万平方千米

亚洲第一大平原——西西伯利亚平原, 位于俄罗斯境内。东界叶尼塞河, 西抵乌拉尔山脉, 南接哈萨克丘陵、萨彦岭, 北濒喀拉海, 包括秋明州、鄂木斯克州、新西伯利亚州、托木斯克州及阿尔泰边疆区、克麦罗沃州的部分地区。东西宽 1000 ～ 1900 千米, 南北长 2500 千米, 面积 274 万平方千米, 是世界上著名大平原之一。低洼开阔, 中、北部海拔 50 ～ 150 米, 西、南、东部缘地区海拔为 220 ～ 300 米。鄂毕河 — 额尔齐斯河贯穿全境。本区地势低平, 沼泽广布。属亚寒带、寒带大陆性气候。自北而南, 苔原、森林、森林草原、草原景观平行分布, 具典型的纬度地带性分布规律。大部分地区为亚寒带针叶林所覆盖。石油、天然气资源丰富, 有著名的秋明油田区。中部和北部人口密度较低, 南部随着对燃料、金属资源的开发而不断发展, 形成了以秋明油田、库兹巴斯煤田, 托木斯克铁矿为中心的工矿业基地。森林总面积 6000 万公顷。南部的巴拉宾、伊希姆和库隆达草原大部已开垦, 为全俄重要的乳用畜牧业和谷物产区之一。

● **地形**

　　本区的特点是南高北低，80% 是非常坦的平原。西西伯利亚平原只有个别地方有一些很低的山丘，其他广大地区都极为平坦。人们称西西伯利亚平原为世界最平坦的平原，因为在它的南北方向上，3000 千米之间的地形高度差竟不超过百米。西西伯利亚平原之所以这样平坦，是因为它的地下是一片坚硬而古老的地壳，它位于亚欧板块内部，地质比较稳定。除此之外，寒冷的气候使风化作用降低，古老的地壳便较容易地保留下来了。

额尔齐斯河

• 水文

西西伯利亚平原上主要的河流有鄂毕河 — 额尔齐斯河和叶尼塞河。其中额尔齐斯河发源于中国新疆，它是中国唯一流入北冰洋的外流河，也是中亚地区唯一的外流河。由于西西伯利亚平原的地形非常平坦，这里的河流流速也就非常的缓慢。每年春季，由南向北流的鄂毕河总是上游先解冻，形成凌汛。鄂毕河水系纵贯全境，注入北冰洋，全长 3650 千米，是平原上最长的河流。该河流河网密布（约有2000 条大小河流），湖泊众多，沼泽连片。而北方的下游此时还是冰封状态，结果是上游来水无法顺利通过，造成冰水泛滥。年复一年的这种情况，使这里形成了大片的沼泽和湿地。西西伯利亚平原最突出的资源是石油，如世界著名的秋明油田。平原还有着广大的草原和发达的畜牧业。由于气候寒冷，这里的植被大部分都是针叶林。

35

• 气候

　　由于接近高寒地带，西西伯利亚平原的气候极为寒冷，动植物稀少。西西伯利亚平原冬夏温差变化极大，夏季气温酷热而短暂，南部一般为20℃，最高可达35～40℃。北部一般为10℃左右。1月份平均气温为－20～－25℃，最冷可达－50～－52℃以下。西西伯利亚平原冬季干燥，夏季雨量也不多。北部年平均降水量不超过400毫米，南部为400～500毫米。所以西西伯利亚平原是一个极端寒冷的平原。在这里，一碗碗、一桶桶牛奶被冻成了冰块；放在露天的钢铁失去了韧性，一折就断；卡车的司机要特别小心，否则，稍受震动，橡胶轮胎就会崩裂。

- **土壤**

西西伯利亚平原地表的特点是沼泽地多，占平原的 50% 以上。极北地区为冻土带，南部为森林冻土带。由于地势低洼、蒸发量小、排水差，因此尽管雨量不大，这里仍形成许多湖泊和沼泽，每到夏季，往往数百千米汪洋一片。在这广袤无垠的大平原，蕴藏着极为丰富的石油、天然气及其他资源。

西西伯利亚平原还有着厚厚的永久冻土层,最厚的地方竟达 1377.6 米,比青藏高原的最厚冻土层还要厚好多倍。在一些村子里,常常可以看到一些歪歪斜斜的木屋,有的已有一半陷入地下,这也是冻土所为。冻土表层融化后,地基就变得十分松软。由于各部分受力不均,房屋也就东倒西歪了。

西西伯利亚平原的植被有苔原、森林沼泽、泰加针叶林、森林草原和无树草原等,亚寒带针叶林连绵广布。

• 资源

西伯利亚自然资源丰富，矿藏有石油、天然气、煤、金、金刚石等，各类资源分布比较集中，而且大型矿床较多。

西西伯利亚地区有大片待开发的肥沃的黑钙土、褐钙土土地。著名的西伯利亚森林覆盖了西伯利亚地区的辽阔地域，其木材蓄积量占俄罗斯的 3/4 以上；星罗棋布的大小湖泊以及数以千计的大小河流使西伯利亚地区拥有大量的水力资源。世界上最大的淡水湖——贝加尔湖的淡水储备量达到了 2.36 万立方千米，占全世界淡水储量的约 20%，占俄罗斯淡水储量的 80% 以上。西伯利亚是俄罗斯最大的淡水鱼产区，淡水鱼产量占俄罗斯总产量的 1/4 以上。

贝加尔湖

● **居民**

西伯利亚为游牧民族的生息地。16世纪下半叶开始，沙俄越过乌拉尔山向西伯利亚扩张，并割去了原属中国的大片领土。1895—1905年西伯利亚大铁路修建后，该地区开始被大规模开发，以俄罗斯民族为主的人口大量东移。前苏联第一个五年计划期间（1928—1932年）库兹涅茨克大煤田及西伯利亚大铁路沿线的工业得以大发展。20世纪50年代实施了安加拉 — 叶尼塞河的水力资源开发；60年代中期起开发西西伯利亚大型油气田；70年代中期，开始修建4275千米的第二条西伯利亚铁路，即贝加尔 — 阿穆尔铁路（泰舍特 — 苏维埃港），并于1984年11月通车。西伯利亚是重要的能源和原材料基地，在此基础上，石油化工、煤化工、有色金属

开采、冶金工业也很发达，钢铁工业已初具规模，机械工业有发展，但不配套，仍较薄弱。农业以西西伯利亚南部较发达，小麦和乳、肉用畜牧业为主要部门。人口约4000万，俄罗斯人占80%以上，乌克兰人和白俄罗斯人约占5%，其他有科米人、雅库特人、图瓦人等。人口沿铁路线分布。西伯利亚主要城市有新西伯利亚和克拉斯诺亚尔斯克等。

西伯利亚农业

• 经济

　　十月革命前，俄国政府对西伯利亚地区奉行掠夺性的经济政策，没有采取多少有利于当地经济发展的措施。该区生产力的发展水平非常低下，经济发展远远落后于全俄水平。在整个经济结构中，农业占绝对优势。1913年，西伯利亚农业总产值占本地区工农业总产值的78%，同年西伯利亚工业总产值仅为俄国的1.5%。当时，除采矿工业外，西伯利亚地区的其他工业部门都是极端落后的。黑色冶金业几

西伯利亚为游牧民族

钢材

乎没有；重工业生产的中间产品和最终产品，特别是加工工业部门产品所占比重微不足道；轻工业产品几乎全部从俄国的欧洲部分输入。沙皇的殖民政策阻碍了西伯利亚地区的资源开发和工业化进程。十月革命以后，西伯利亚地区的资源开发和工业化进程加快，西伯利亚地区的经济开发进入了新的历史时期。

经过几十年的开发，西伯利亚逐步形成了以资源开发为主导的国民经济体系。在大半个世纪的时间内，西伯利亚的面貌发生了很大的变化。随着西伯利亚大铁路的铺设，这里的生产力开始以前所未有的速度发展。1897—1917 年的 20 年间，铁路沿线地区的城市从 40 座增加到 63 座，各城市居民数增加了 2 倍、4 倍甚至 8 倍不等。30 年代，苏联第二个煤炭冶金基地在乌拉尔 — 库兹巴斯地区建成。乌拉尔 — 库兹涅茨克煤炭冶金联合企业成了乌拉尔、西伯利亚地区实现工业化的基础。组建综合体的目的是为有计划地将工业重心逐步向东部地区推移，并为消除新开发地区经济上的落后状态创造条件。

第二次世界大战时期，西伯利亚地区是苏联的大后方，经济发展的速度高其于其他地区。1941—1945 年这里的基建投资额几乎占苏联的 1/4；1942 年西伯利亚生产苏联 1/4 以上的钢和钢材、1/3 的生铁和近一半的煤炭和焦炭；上世纪 50 年代，开发东西伯利亚的安加拉——叶尼塞地区自然资源的计划开始实施。这是生产力进一步向东推移的标志。这个项目比乌拉尔 — 库兹涅克联合企业建设规模更大、所用时间更长。安加拉 — 叶尼塞开发计划的实施极大地推动了克拉斯诺亚尔斯克边疆区和伊尔库茨克州生产力发展。西伯利亚经济因此进入了一个高速的发展阶段。这个阶段的目标是更加广泛地开发西伯利亚地区的自然资源，并且在此基础上建立若干个生产结构复杂的大型区域性生产组织。60年代，苏联最大的石油天然气基地——秋明油气田的开发，使西西伯利亚变成了吸引资金和劳动力最多的地区。秋明油气田的开发按其规模来说，大大超过了乌拉尔——库兹巴斯煤炭冶金基地和安加拉——叶尼塞综合体体系。开发秋明油田，使苏联在不到20年的时间内，在原油生产方面赶上并超过美国，成为世界上生产原油最多的国家。

70年代的重点工程项目之一是铺设通向太平洋的第二条交通大动脉——贝阿铁路。横贯西伯利亚与远东近北地区全长达3145千米的贝阿铁路的建设，是苏联加速西伯利亚与远东经济发展的又一重大步骤。随着这条铁路的建设，资源开发重点逐步推向近北的广大地区。这里储量丰富的煤、铁、铜、锌、镍、石棉、云母、磷灰石和森林资源等，有可能在近期被大量开发。未来铁路沿线地区的人口将不断增加，并逐渐在这里建成若干个工业中心和新城市。

80年代，苏联科学院西伯利亚分院的50个研究所和各主管部门的近200个科研单位，联合制定了西伯利亚自然资源综合开发规划，简称"西伯利亚规划"。西伯利亚规划是从西伯利亚与远东的特点出发，从苏联的全局考虑，选择对整个国民经济有决定性影响的那些部门，作为主要的发展方向。这是一个更大规模的全面开发西伯利亚的长远综合规划。目前，西伯利亚地区正处在前所未有的发展阶段。长期以来国民经济各部门之间的比例失调及缺少资金、劳动力等因素均制约了西伯利亚地区经济发展。为了解决这些问题，俄政府在西伯利亚的开发、建设过程中积极调整国内政策、措施，进一步扩大对外开放，积极引进资金和先进技术设备，不断扩大与包括中国在内的其他国家的经济、技术合作。

• 文化

在西伯利亚，在叶尼塞河岸边，居住着一些少数民族——哈卡斯人，有安加拉河、勒拿河、阿尔泰和萨彦山脉，和东西伯利亚的明珠——贝加尔湖。贝加尔湖是世界上最深的、也可能是最古老的湖，已经有 2500 万年的历史了。它里面汇集了几乎全世界 1/4 的淡水储量，而且水质非常清澈透明，直径 30 厘米的白盘在贝加尔湖的水下 40 米处依然可见。贝加尔湖的海拔约为 500 米。在贝加尔湖里生活着 1850 种动物和 850 种植物，并且其中很多是这里特有的。

西伯利亚的严寒本身也是很有名气的。有时严寒达摄氏 -40℃。而 -25～30℃ 根本就引不起当地居民的注意，这是冬天常有的气温。西伯利亚南部的夏天非常热，达 30℃ 高温。可以游泳，尽管常常水还是有点凉——即使是在 7 月份水温也只能达 17～18℃。

这里有图瓦人、雅库特人、布里亚特人。哈卡斯人一共只有 8 万人，图瓦人不到 20 万。这些民族的人们拥有独特的口技艺术。表演者不唱出字词，只是用嗓子发出声音，听起来有时像乐队演奏，有时像蹄子敲打声，有时像几百只野兽的嚎嘶。

他们从童年时就开始学习这种艺术，但远不是每个人都能学会的。有趣的是，口技表演者只有男人。

布里亚特位于贝加尔湖的东南面，是俄罗斯的佛教中心。这里有 30 多个佛教寺院——喇嘛寺。像所有的草原游牧民族一样，布里亚特人始终崇爱着马。马群的主人总是能记住每一匹马的"长相"。朋友般的骏马是许多传说和故事的主要角色。马奶——马乳酒的药用价值得到很高的评价。在相邻的图瓦共和国有纪念碑标示的亚洲的中心。这里道路少而艰难，但神奇的自然环境吸引着游客源源不断地到来。

相对不久前，在俄罗斯又兴起了另一种远游方式——北极旅游。从莫斯科乘直升飞机到达斯匹次俾尔根群岛，然后再乘直升飞机到达北极点附近的冰上帐篷营地。在这里游客们将会度过几天，但不会寂寞的：乘坐狗拉雪橇，乘滑雪机狂奔，沿浮冰群远足，乘气球飘浮到白色沉寂的大地上空。在营地里甚至还有极地桑拿和游艺设备。只要一有合适的天气就会乘直升飞机冲刺到坐标为'90° N,00' 00″ '的地理极点。幸福的游客们可以通过卫星电话给自己的亲人朋友打电话，并且快乐地在地球的最北点照相留念。

• （4）南美洲拉普拉塔平原：150万平方千米

拉普拉塔平原是南美洲第二大平原。介于安第斯山脉、巴西高原和巴塔哥尼亚高原之间，东临大西洋。面积150万平方千米。北部称大查科平原，地面平展低洼，雨季排水不良，在沿河地带形成沼泽和湿地；南部为潘帕斯平原，地势坦荡平展，略向东倾斜，海拔多在150米以下；西面是安第斯山脉，北面和东北面是巴西高原和巴塔哥尼亚高原，东南面是大西洋。总面积150万平方千米，自北向南跨越玻利维亚、阿根廷、巴拉圭、乌拉圭4国，其中60%的面积在阿根廷境内。

• 河流

拉普拉塔河位于南美洲乌拉圭和阿根廷之间，在西班牙语中"拉普拉塔"是"银子"的意思。拉普拉塔河是南美洲第二大河流，全长4700千米，流域面积约400万平方千米。它的支流众多，主要的有巴拉圭河、乌拉圭河、巴拉那河。

拉普拉塔河流域是拉丁美洲最发达的地区之一，其大部分处在亚热带，雨水充沛，土地肥沃、物产丰富，是南美洲的经济中心的集中地区。拉普拉塔河的中下游地区，就是举世闻名的拉普拉塔平原。平原的北部称为查格平原，南部称为潘帕斯平原。拉普拉塔平原是阿根廷的经济心脏

地区。这里幅员辽阔，地势平坦，雨水充足，土地肥沃。耕地面积占全国耕地面积的70%，有发达的农牧业。

拉普拉塔河养育了南美洲人民，特别是哺育了阿根廷的人民，因此它被称为母亲河。

拉普拉塔河由巴拉那河和乌拉圭河汇合而成，实际上是一个巨大无比的河口，从巴拉那河和乌拉圭河的汇合处到与大西洋的交接处，全长为370千米，最宽处（入海口）达230千米。

如果以巴拉那河为源，那么拉普拉塔河则长达4700千米。

拉普拉塔河流域由巴拉那、乌拉圭河、巴拉圭河及其数十条支流组成，流域面积达400万平方千米，包括阿根廷、巴西、玻利维亚、乌拉圭的部分领土和巴拉圭的大部分领土，人口近1亿。

巴拉那河是拉普拉塔河流域中最长和重要的一条河流。它发源于巴西高原南部，中游有两段河道分别是巴西和巴拉圭及巴拉圭和阿根廷的边境，下游流经阿根廷至乌拉圭汇合处，长约430千米；乌拉圭河发源于巴西南部的马尔山脉，全长1751千米，流域面积约有一半在巴西境内，另一半在乌拉圭和阿根廷。巴拉圭河发源于巴西高原的西南部，全长2200千米，中下游也有两段河道分别是巴西和巴拉圭及巴拉圭和阿根廷的界河。

· 自然资源

拉普拉塔河流域地区虽然并没有早期征服者所疯狂寻找的金银，但它是拉丁美洲最发达的地区之一。这里土地肥沃，物产丰富，尤其是盛产畜产品。这里还蕴藏着丰富的铁矿、石油、天然气和森林资源，是南美洲的工业区，巴西、阿根廷等国的经济中心集中在这个地区。在拉普拉塔河两岸和巴拉那河及乌拉圭河沿岸，分布着布宜诺斯艾利斯、拉普拉塔、罗萨里奥、圣非、蒙得维的亚、派桑杜等数十个城市和港口。

铁矿

阿根廷国名的由来

在西班牙语中，"阿根廷"与"拉普拉塔"两词意义相同，均为"白银"。1527年，西班牙探险家塞瓦斯蒂安·卡沃托率领一支远征队到达南美大陆后，从一个宽阔的河口溯流而上，深入到内地。探险家们发现当地印第安人佩戴着很多银制的饰物，以为当地盛产白银，便将这条河命名为拉普拉塔河，把这一地区称为拉普拉塔区。西班牙殖民统治者后来又将拉普拉塔区改为省。1816年7月9日，拉普拉塔省宣布独立，并将国名正式定为阿根廷。阿根廷一词源于拉丁文，不仅是指具体意义上的白银，同时寓意"货币""财富"。这块广袤的土地上虽不产白银，但有着肥沃的土壤，丰茂的草原，良好的气候，这使阿根廷成"世界的粮仓和肉库"，财富滚滚而来。因此，把这个国家称为"阿根廷"真是再恰当不过了。

• （5）北美洲北美大平原：150万平方千米

北美大平原，是北美洲中部一块广袤的平原地区，大致位于密西西比河以西、落基山脉以东、格兰德河以北。自然植被以草为主。

大平原东西长 800 千米，南北长 3200 千米。另根据内布拉斯加 — 林肯大学大平原研究中心的定义，其总面积约 130 万平方千米。大平原主要包括了美国的科罗拉多州、堪萨斯州、蒙大拿州、内布拉斯加州、新墨西哥州、北达科他州、俄克拉荷马州、南达科他州、得克萨斯州和怀俄明州，以及加拿大的草原3省（阿尔伯塔省、曼尼托巴省和萨斯喀彻温省），还有墨西哥的一小部分。

• 地貌

大平原外貌总体平整而缓缓向东倾斜。

位于西经 97°～98° 以东，地势较低的平原可称为内陆低平原，主要在海拔 500 米以下。其北部冰川广布、湖泊众多，南部由密西西比河下游冲积平原构成主体，较为低平。

位于内陆低平原和落基山之间的大平原，地势自西向东倾斜，由海拔 1800 米递降至 500 米。因受河流切割而形成一系列东西向的河谷地。冰川地貌分布广，地形略有起伏。南部地势较高，海拔 1500～1800 米，即主要位于西经 100° 以西的高地平原。

密西西比河以西

- ● **地质**

    其下覆基岩为
海相及浅水相的
沉积岩，主要由缓
缓倾斜的页岩、石
灰岩、砂岩等组
成，厚度可达5千
米。本区大部分表
层为年轻的陆相沉
积洪积物组成，在
北部还被更新世的
冰川物质不连续地
覆盖，还有黄土沉
积物出现。总的来
说地质情况比较简
单，地质运动表现
不太强烈。

- ● **生物**

    大平原的植被
主要是草，在草原
的边缘地带有部分
稍大型植物，如丝
兰、仙人果等，现
在许多草地被已被
辟为农田，大部分
地区本是美国野牛
的家，但它们在19
世纪初被猎杀到濒
临灭绝。

- **气候**

　　半干旱大陆性气候。草原整体冬冷夏热，常年少雨。冬季可能有暴雪，部分地区春夏季节因墨西哥湾气流西行可能会带来雨水或相反地带来干旱。西经100°线大致将大平原分为两部分，一部分每年降雨量大于等于500毫米，而另一地区每年降雨量则不到500毫米。所以高地平原实际上是半干旱的，基本是牧场或已是农场的边缘。这一地区会定期受到长时间干旱的危险，当强风来临时还会引起沙尘暴。草原的气候实际上可以使野生动物不受干扰，但人们把大部分草原轻易地转化为农业目的的土地或改为牧场了。

- **居民与经济**

　　在1600年前大平原人口较为稀少，为美国原住民。大平原上的美国原住民多生活在一种名叫"梯皮"的圆形帐篷中，而梯皮也成为了原住民的象征物之一。19世纪中叶以来随着东部殖民者的拓荒，印第安人被驱赶到农业较为贫瘠的地区，所谓印第安保留地。在大平原的殖民过程中，欧洲人占绝大多数。

　　如今的大平原仍为主要的农业地区，生产小麦、棉花、高粱和干草，畜牧牛、绵羊。

51

里海

• （6）亚洲图兰平原：150万平方千米

• 地形

　　图兰平原又称图兰低地，是一个广大的内陆平原，面积约150万平方千米。在第三纪前，曾被古地中海淹没，第三纪后才抬升为陆地，今日的里海和咸海就是海侵的遗迹，因此这一地区地势低洼，大部分海拔不足100米，有不少地区低于海平面。地势自东向西逐渐降低，东部海拔多200～300米，中部广大地区为100～200米，里海东岸的卡拉吉耶低地海拔 —132米。图兰平原南部位于亚欧板块和印度洋板块交界处，因此地质较为活跃，多地震。

• 气候

　　图兰平原属温带大陆性气候，多为温带荒漠气候。由于远离海洋，深居内陆地区，故气候干旱，冬季寒冷、夏季炎热，冬夏温差大，年降水量100～200毫米。有大面积沙漠分布，沙漠面积约占本区一半，荒漠草原、盐沼广布。较大的沙漠主要有位于土库曼斯坦境内的卡拉库姆沙漠和地跨乌兹别克斯坦、哈萨克斯坦的克孜勒库姆沙漠。

咸海

• **水文**

中亚两大内流河阿姆河、锡尔河源于帕米尔高原，纵穿图兰平原中的沙漠注入咸海，沿岸形成狭窄的绿洲，是灌溉农业发达的地区。阿姆河、锡尔河均为内流河，径流量较小，夏季为汛期，冬季为枯水期，补给类型均为冰川融水，水能资源和航运价值都比较低。

• **资源经济**

图兰平原矿产资源较少，只有西部靠近里海的地方有石油和天然气分布。阿姆河和锡尔河沿岸多灌溉农业，种有水稻等农作物，中国史书将这一地区称为"河中"，自古为中亚富饶之地。乌兹别克斯坦多种植棉花，号称"白金之国"，其余地区以畜牧业为主。由于资源较少，图兰平原的工业分布也比较少，只有少量地毯编制、棉毛纺织和畜产品加工工业。

• 居民城市

位于图兰平原内最大的 3 个城市为土库曼斯坦的达沙古兹、乌兹别克斯坦的乌尔根奇和努库斯。咸海浓度很高，而如今咸海的水量又大幅度减少，甚至在干涸的湖底上形成盐滩和沙丘。盐尘会被狂风卷上天空并抛撒到周围区域，导致咸海周围的低地生态环境较差，而周围居民的健康也受到严重威胁。

当地居民主要有哈萨克族、乌兹别克族、突厥族（土库曼人）、塔吉克族、俄罗斯族、乌克兰族等，主要信仰伊斯兰教，俄罗斯人、乌克兰人则信仰东正教。

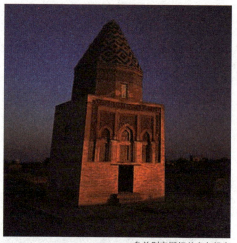

乌兹别克斯坦的乌尔根奇

游牧民族

• 历史

在历史上，图兰平原是游牧民族的生息之地和角逐场所，它先后被波斯、大宛、突厥、倭马亚、阿巴斯、萨曼王朝、伽色尼王朝、花剌子模王朝、察合台汗国、帖木儿帝国、希瓦汗国、俄罗斯帝国、苏联统治。

哈萨克族

54

• （7）亚洲恒河平原：45万平方千米

南亚东部的大平原。由恒河及其支流冲积而成，恒河下游段与布拉马普特拉河汇合，组成下游平原与河口三角洲。西起亚穆纳河，东抵梅格纳河，北为西瓦利克山麓与印尼国界线，南迄德干高原北缘和孟加拉国湾，面积约51.6万平方千米。恒河平原西起亚穆纳河，东抵梅格纳河，北界西瓦利克山麓与印、尼边境，地面平坦，河网纵横，土地肥沃，人口密集，工农业发达，城镇众多，交通便利，为印度、孟加拉国的主要经济地区。盛产水稻、玉米、油菜籽、黄麻、甘蔗等。属热带季风气候，雨季易发生洪灾。降水量900～1500毫米，自东而西减少，且变率大，有德里、加尔各答、勒克瑙、瓦拉纳西、巴特那（印度）和达卡（孟加拉国）等大城市。

• 历史文化

恒河平原以印度河流域文明的蕴育和发源地而闻名，为古印度的诞生地，其平坦和肥沃地理条件，演绎了历朝历代多个帝国的兴衰，包括摩揭陀、孔雀王朝、笈多王朝、莫卧儿帝国、德里苏丹国等帝国的兴衰史。

· 宗教传说

从长度来看，恒河算不上世界名河，但她却是古今中外闻名的世界名川。她用丰沛的河水哺育着两岸的土地，给沿岸人民以舟楫之便和灌溉之利；用肥沃的泥土冲积成辽阔的恒河平原和三角洲，勤劳的恒河流域人民世世代代在这里劳动生息，创造出世界古代史上著名的印度文明。历史学家、考古学家的足迹遍布恒河两岸，诗人歌手行吟河畔。至今，这里仍是印度、孟加拉国的精粹所在，尤其是恒河中上游，是经济文化最发达、人口最稠密的地区。恒河，印度人民尊称它为"圣河"和"印度的母亲"，众多的神话故事和宗教传说

构成了恒河两岸独特的风土人情。在印度神话中，恒河原是一位女神，是希马华特（意为雪王）的公主，为滋润大地，解救民众而下凡人间。女神即是雪王之女，家乡就在对门山飘渺的冰雪王国，这与恒河之源——马拉雅山脉南坡加姆尔的甘戈特力冰川相呼应，愈加带有神话色彩。加姆尔在印度语中是"牛嘴"之意，而牛在印度是被视为神灵的，恒河水是从神灵——牛的嘴里吐出来的清泉，于是便被视为圣洁无比了。

而根据宗教传说，恒河之为"圣水河"乃是因恒河之水来源于"神山圣湖"。恒河的上游在我国西藏阿里地区的冈底斯山，冈底斯山的东南坡有一个大而幽静的淡水

甘戈特力冰川

湖，叫玛法木错湖，湖水来源于高山融化的冰雪，所以湖水清澈见底，平如明镜。相传，这里的山中就是"神中之神"湿婆修行的地方，印度教徒尊它为"神山"。湿婆的妻子乌玛女神是喜马拉雅山的女儿，玛法木错湖是湿婆和他的妻子沐浴的地方，印度教徒尊它为"圣湖"，由于恒河水是从"神山圣湖"而来，所以整个恒河都是"圣水"。千百年来，虔诚的印度教徒长途跋涉，甚至赤足翻越喜马拉雅山，到中国境内的"神山圣湖"来朝圣，到湖中洗澡，以祛病消灾，益寿延年；到神山朝拜，以得到湿婆大神的启示。

而另一个传说则说印度历史上某国王为了洗刷自己祖先的罪孽，以修来世，请求天上的女神下凡。但是，女神之水来势汹汹，大地难以承受，湿婆大神就站在喜马拉雅山附近的恒河上游，让水从他的头发上缓缓流下，从而减弱了水势，既可以洗刷掉国王祖先的罪孽，又能造福于人类。由此，印度教徒认为恒河是女神的化身，是"赎罪之源"。

• 农业开发

恒河平原以种植水稻和小麦为主，其它主要经济作物有玉米、甘蔗和棉花。西南季风为农作物带来了充足的雨水，使得这一地区较少出现干旱，同时喜马拉雅山脉为这一地区提供了充足的灌溉用水。

自古以来，在洪水泛滥时或借助重力水渠以利用恒河水灌溉司空见惯。2000多年前撰写的经典和神话中已经描述过这样的灌溉。自12世纪以来的穆斯林统治时期，灌溉高度发展，蒙兀儿国王后来修筑了几条灌渠。英国人进而延展了灌渠系统。

较古老的灌渠主要在恒河 — 亚穆纳河两河间地区。上恒河灌渠及其分渠长9,575千米，始于赫尔德瓦尔；下恒河灌渠及其分渠长8240千米，始于纳拉乌拉。

> **印度恒河祭——大壶节**

　　大壶节又称为圣水沐浴节，是世界上最大的宗教印度教集会，也是世界上参加人数最多的节日之一。大壶节源自印度古老的神话传说，相传印度教神明和群魔争夺一个壶而大打出手，原因是壶里装有长生不老药。结果壶被不慎打翻，四滴长生不老药分别落到印度的阿拉哈巴德、哈里瓦、乌疆和纳锡四地，因此这4座城市分别每3年庆祝一次大壶节，也就是每个地方要相隔12年才举行一次，所以大壶节是难得一见的宗教盛事。从1月9日开始，为期42天。在节庆期间，印度教徒在恒河沐浴，清洗旧日罪孽。

• (8)亚洲印度河平原：30万平方千米

世界上最大冲积平原之一。面积 26.6 万平方千米。由亚洲南部喜马拉雅山麓延伸至阿拉伯海，南北长 1280 千米，东西宽 320～560 千米。习惯上以北纬 29° 线分上、下印度河平原，前者即旁遮普平原，后者即信德平原和三角洲地区。地面由北向南倾斜。印度河平原是巴基斯坦经济、文化中心地区，人口约占全国 4/5。盛产小麦、稻、棉花等。有科特里、苏库尔、古杜、当萨、真纳等大型水利灌溉工程。50 万以上人口的城市有卡拉奇、拉合尔、莱亚普尔、海得拉巴、木尔坦等。铁路、公路密布，交通发达。

地处南亚，是一片富饶、肥沃而古老的土地，平原大致分为巴基斯坦印度河流域部分、旁遮普与哈里亚纳平原区、恒河中下游地区三大部分，分布有恒河与印度河两大水系，跨越印度、巴基斯坦和孟加拉国，涵盖了印度东北部、巴基斯坦人口最稠密的地区、孟加拉国的大部分，为地球上人口最稠密的地区之一，居住有超过 8.5 亿的人口。

• 气候

属亚热带草原气候、亚热带沙漠气候以及热带季风气候。

• 地理位置

由亚洲南部喜马拉雅山麓延伸至阿拉伯海，南北长 1280 千米，东西宽 320～560 千米。习惯上以北纬 29° 线分上、下印度河平原，前者即旁遮普平原，后者即信德平原和三角洲地区。地面由北向南倾斜位于南亚北部巴基斯坦、印度和孟加拉国境内。由印度河、恒河、布拉马普特拉河冲积而成。又称印度大平原。呈新月形，自巴基斯坦印度河流域延伸到旁遮普平原，从哈里亚纳平原延伸到孟加拉国的恒河三角洲，漫滩峭壁，因河水侵蚀、河道改变构成了该平原的基本地貌特征。北面，特莱平原两个狭长地带形成了中央平原的北部边缘，从喜马拉雅山麓源源流出的地下水在平原的河道周围形成沼泽；南面，由拉贾斯坦邦向东沿印度大沙漠、中部高地延伸到孟加拉国湾的山脉构成了平原的南部边缘，山脉海拔从 300 米到 1200 米不等，大致呈东西走向。

- 资源

　　印度河平原是巴基斯坦经济、文化中心地区，人口约占全国 4/5。盛产小麦、稻、棉花等。有科特里、苏库尔、古杜、当萨、真纳等大型水利灌溉工程。50 万以上人口的城市有卡拉奇、拉合尔、莱亚普尔、海得拉巴、木尔坦等。铁路、公路密布，交通发达。以种植水稻和小麦为主，其他主要经济作物有玉米、甘蔗和棉花。西南季风为农作物带来了充足的雨水，使得这一地区较少出现干旱，同时喜马拉雅山脉为这一地区提供了充足的灌溉用水。

- 文明

　　以印度河流域文明的蕴育和发源地而闻名，为古印度的诞生地，其平坦和肥沃地理条件，演绎了历朝历代多个帝国的兴衰，包括摩揭陀、孔雀王朝、笈多王朝、莫卧儿帝国、德里苏丹国等帝国的兴衰史。

　　印度河平原居民的主要语言属于印欧

61

流域丰饶的平原地区，被人们称为"大自然对印度民族的慷慨赐予"，它哺育滋养了悠远的印度文明。

印度河是世界上最长的河流之一。但在18世纪之前，人们根本没有想到这条藏身于沙漠，人迹罕见的河流曾有过堪与古埃及相媲美的璀璨昨天。而且与其他古代文明相比，完全是史无前例的。

语系印度 — 雅利安语支，以印地语（北印度语）、乌尔都语和孟加拉国语为代表，另外从方言连续体来看，存在多种地方方言，这些方言由印度教和伊斯兰教借用多种语言糅合而渐渐演变为新的语言。中央平原同时也是佛教、锡克教和耆那教的诞生地。

古代世界文化中心之一，人口稠密、农业发达、工业重要和交通运输的繁忙地区。

在这片平畴的沃野上，流淌着印度河和恒河。印度史上已知的最古老的文明哈拉巴文明，就是在印度河—恒河低地上产生的。广阔的印度河—恒河低地被其普拿沙漠和阿拉瓦利山脉分为两个部分。沙漠以西的平原为印度河所灌溉，以东的平原为恒河及其支流所灌溉。河流将高原上的土壤带到平原上堆积起来，使土壤肥沃，河流则使交通十分便利。印度河—恒河

印度河平原文明最早引起人们注意是因 18 世纪哈拉巴遗址的发掘。在这里发现了大都市残址。19 世纪中叶，印度考古局长康宁翰第二次到哈巴拉时，发掘出一个奇特的印章，但他认为这不过是个外来物品，只写了个简单的报告，此后 50 年，再也无人注意这个遗址了。不出所料，以含哈拉巴在内的旁遮普一带为中心，东西达 1600 千米，南北 1400 千米的地域内，发现了属于同一文明的大量遗址。这个发现震动了考古学界，因为涵盖范围如此之大的古文明在世界上可以说是独一无二的。

1922 年，一个偶然的机会使人们发现了位于哈拉巴以南 600 千米处的马亨佐达摩遗迹，这里出土的物品与哈拉巴出土的相似，人们才想起了 50 年前哈拉巴出土的印章，考古学家开始注意这两个遗址间的广大地区。这些遗址位于印度河流域，所以被称为印度河文明。据考证，遗址始建于 5000 年以前甚至更早的年代。和所有其他古代文明一样，印度河平原主要是农业文明。主要农作物有小麦和大麦，不过，当地居民还种植紫花豌豆、甜瓜、芝麻、椰枣和棉花——印度河流域是最早用棉花织布的。已经驯养的动物有狗、猫、牦牛、水牛，可能还有猪、骆驼、马和驴。与外部世界也有了相当的贸易关系，其中包括美索不达米亚，在那里属于公元前 2300 年的废墟中发现了印度河流域的印章；在波斯湾的巴林岛上还发现了一些别的印度

河流域的产品，这表明巴林岛是美索不达米亚与印度河流域之间进行海运贸易的一个中间站。

冰川只出现在易北河以东地区，因此以易北河为界东西两部分的地貌特征有明显的差异。西部冰碛地貌不很显着，为一

• (9)欧洲中欧平原：30万平方千米

又名波德平原，位于欧洲波兰、德国北部。西自莱茵河口，东至波兰东部的狭长地带。面积约30万平方千米。大部分地区海拔为50～100米，地势南高北低、东高西低，西部有些地区在海平面以下。地貌与第四纪冰川作用紧密相关，但由于

起伏和缓的低平原，由沿海向内陆大致可分为低地带、砂质平原带。东部地区冰碛地貌保存较好，由沿海向内陆大致可分为砂丘带、底碛平原带、终碛丘陵带、冰水平原带和黄土带。

气候温和，1月平均气温为-4～-1℃，7月为18℃；年降水量500～800

毫米。平原内河网纵横,河网密,属奥得河、易北河、威悉河、莱茵河流域。多湖泊和丘陵。人口密集。农牧业发达,农产以黑麦、甜菜等为主,畜牧业发达。

300～400千米,面积35万平方千米。主要由辽河、松花江、嫩江冲积而成,所以地面平坦,大部分海拔在200米以下。

松辽平原在狭义上是北松嫩、南辽

• (10) 亚洲松辽平原: 250000平方千米

松辽平原是中国最大的平原,在中国东北部,包括辽宁、吉林、黑龙江三个省和内蒙古的一部分。

松辽平原由三部分组成。北部是松嫩平原,南部是辽河平原,东北部是三江平原。

松辽平原位于大兴安岭、小兴安岭和长白山之间。北起嫩江中游,南至辽东湾。南北长约1000千米,东西宽约

河两块平原的合称,即长春平原,是东北平原的主体。即,松嫩平原和辽河平原在地形上连成一片,原来水系相通,后来由于地壳运动,长春、长岭、通榆一带隆起,形成西北 — 东南走向的松辽分水岭,截断河流南北通道。松辽分水岭以南称辽河平原,以北称松嫩平原。但松辽分水岭地势低缓,海拔200～300米,高出两侧平原不过几十米。

松辽平原属温带湿润、半湿润气候,冬季气温低,封冻期长,但夏季气温高。

南部辽河平原可二年三熟，其他为一年一熟。

平原土壤肥沃，是著名的"黑土"分布区，腐殖质含量多，通气和蓄水性能好，是大豆、高粱、玉蜀黍、小麦、甜菜、亚麻的重要产区。也可以种植水稻，是中国早熟粳稻的重要产区之一。

中华大地平原展现

中国平原主要分布在东部，包括东北平原、华北平原、长江中下游平原、珠江三角洲平原等。在西部分布有河套——银川平原、渭河关中平原、四川成都平原等面积较小的平原。

东北平原

中国最大的平原，在中国东北部。由松嫩平原、辽河平原和三江平原组成。位于大、小兴安岭和长白山之间，南北长约1000千米，东西宽约300～400千米，面积35万平方千米，大部分海拔在200米以下。松嫩平原和辽河平原在地形上连成一片，原来水系相通，后来由于地壳运动，长春、长岭、通榆一带隆起，形成西北—东南走向的松辽分水岭，截断河流南北通道。但松辽分水岭地势低缓，海拔200～300米，高出两侧平原不过几十米。三江平原位于中国东北角，由黑龙江、松

花江、乌苏里江三江流经得名。大部分海拔不足50米，地势低平，排水不畅，形成广大的沼泽地。东北平原属温带湿润、半湿润气候，冬季气温低，封冻期长，但夏季气温高，南部辽河平原可二年三熟，其他为一年一熟。土壤肥沃，是著名的黑土分布区，腐殖质含量多，通气和蓄水性能好，是大豆、高粱、玉米、小麦、甜菜、亚麻的重要产区。也可以种植水稻，是中国早熟粳稻的重要产区之一。其中长春平原（东北中部平原）是世界三大黄金玉米带之一——吉林黄金玉米带的核心区域，农业高度发达。中国十个产粮大县有七八个来自吉林省，而其中大半位于长春平原。围绕农业以及农产品深加工带动长春平原农牧业发展动力强劲，2007年长春平原的玉米深加工能力超过美国，居世界第一。

高粱

大豆地

• 华北平原

中国第二大平原。位于黄河下游。西起太行山脉和豫西山地，东到黄海、渤海和山东丘陵，北起燕山山脉，西南到桐柏山和大别山，东南至苏、皖北部，与长江中下游平原相连。延展在北京市、天津市、河北省、山东省、河南省、安徽省和江苏省等5省、2直辖市地境域。面积约30万平方千米。主要由黄河、淮河、海河、滦河冲积而成，故又称黄淮海平原。黄河下游天然地横贯中部，分南北两部分：南面为黄淮平原，北面为海河平原。近百年来，黄河在这里填海造陆面积2300平方千米。平原还不断地向海洋延伸，最迅速地是黄河三角洲地区，平均每年2～3千米。地势低平，大部分海拔50米以下，东部沿海平原海拔10米以下。自西向东微斜。

水稻

均温 28℃,年均降水量为 600 ~ 800 毫米;无霜期 6 ~ 8 个月;日照充分,大部分全年平均日照时数 2300 ~ 2800 小时,农作物大多为两年三熟,南部一年两熟。土层深厚,土质肥沃。主要粮食作物有小麦、水稻、玉米、高粱、谷子和甘薯等,经济作物主要有棉花、花生、芝麻、大豆和烟草等。矿产资源丰富,有煤、石油、铁矿等,有中国著名的大港油田和胜利油田。东部渤海、黄海沿岸,地面平坦,宜晒海盐,有著名的长芦盐区和苏北盐区,以及重要的盐碱工业基地。华北平原是中国古代文化的摇篮,有许多古老城市,如北京(蓟)、邯郸、开封、商丘、淮阳等。

主要属于新生代的巨大坳陷,沉积厚度 1500 ~ 5000 米左右。平原多低洼地、湖沼。集中分布在黄河冲积扇北面保定与天津大沽之间。冲积扇东缘与山东丘陵接触处,排水不畅,地下水位高,易受洪水内涝威胁,形成盐碱地。1949 年后进行了改造治理。属暖温带季风气候,四季变化明显。南部淮河流域处于向亚热带过渡地区,其气温和降水量都比北部高。平原年均温 8 ~ 15℃,冬季寒冷干燥,最冷月(1 月)均温 0 ~ -6℃,夏季高温多雨最热月(7 月)

谷子

• 长江中下游平原

中国长江三峡以东的中下游沿岸带状平原。北界淮阳丘陵和黄淮平原，南界江南丘陵及浙闽丘陵。由长江及其支流冲积而成。面积 20 多万平方千米。地势低平，海拔 50 米左右。中游平原包括湖北江汉平原、湖南洞庭湖平原（合称两湖平原）、江西鄱阳湖平原；下游平原包括安徽长江沿岸平原和巢湖平原（皖中平原）以及江苏、浙江、上海间的长江三角洲。气候大部分属北亚热带，小部分属中亚热带北缘。年均温 14～18℃，最冷月均温 0～5.5℃，绝对最低气温 –10～–20℃，最热月均温

湖北江汉平原

27～28℃，无霜期210～270天。农业一年二熟或三熟，年降水量1000～1400毫米，集中于春、夏两季。地带性土壤仅见于低丘缓冈，主要是黄棕壤或黄褐土。南缘为红壤，平原大部为水稻土。农业发达，土地垦殖指数高（上海62.1%，江苏45.6%），是重要的粮、棉、油生产基地。盛产稻米、小麦、棉花、油菜、桑蚕、苎麻、黄麻等。河汊纵横交错，湖荡星罗棋布，湖泊面积2万平方千米，相当于平原面积10%。两湖平原上，较大的湖泊有1300多个，包括小湖泊，共计1万多个，面积1.2万多平方千米，占两湖平原面积的20%以上，是中国湖泊最多的地方。有鄱阳湖、洞庭湖、太湖、洪泽湖、巢湖等大淡水湖，

桑蚕

与长江相通，具有调节水量，削减洪峰的天然水库作用，产鱼、虾、蟹、莲、菱、苇，还有中华鲟、扬子鳄等世界珍品，水产在中国占重要地位，素称"鱼米之乡"。是经济最发达的地区之一，有上海市、南京市、武汉市、南昌市、苏州市、无锡市、常州市、南通市、芜湖市、长沙市等城市。主要工业有钢铁、机械、电力、纺织和化学等，是重要的工业基地。平原居中国南北和东西交通网的枢纽地带，水陆交通都很发达。长江贯穿中部，成为一条东西向的水运大动脉，加上其无数支流，构成庞大水道网。

菱

• 宁夏平原

宁夏平原又称银川平原，位于宁夏回族自治区中部的黄河两岸。北起石咀山，南止黄土高原，东到鄂尔多斯高原，西接贺兰山。北部是黄河冲积平原——宁夏平原，面积 1.7 万平方千米，滔滔黄河斜贯其间，流程 397 千米，水面宽阔，水流平缓。沿黄河两岸地势平坦，早在 2000 多年以前先民们就凿渠引水，灌溉农田，秦渠、汉渠、唐渠流淌至今，形成了大面积的自流灌溉区。

宁夏地势南高北低，山地、高原约占全区的 3/4，剩下的就是平原地区，其中沙漠占宁夏面积的 8%。从地形分布来看，自北向南为贺兰山地、宁夏平原、鄂尔多斯草原、黄土高原、六盘山地等，平均海拔在 1000 米以上。北面的贺兰山脉绵亘250 千米成了宁夏平原的天然屏障，南边则为郁郁葱葱的六盘山脉。古老的黄河穿越宁夏中北部地区向北流淌，在宁夏境内总流程达 397 千米，流经 12 个县市。黄河宁夏段水面宽阔，灌溉垦殖，他们的辛勤劳动使宁夏成了沟渠纵横、稻香鱼肥、瓜果飘香、风光秀美的"塞上江南"。这从唐代诗人"贺兰山下果园成，塞北江南旧有名"的诗句中就可得到印证。

71

● 河套平原

河套平原位于中国内蒙古自治区和宁夏回族自治区境内，又称后套平原。通常是指内蒙古高原中部黄河沿岸的平原，西到贺兰山，东至呼和浩特市以东，北到狼山、大青山、南界鄂尔多斯高原。狭义的河套平原仅指后套平原。临河市位于其核心位置，特别是乌兰乡胜丰村就称为"大后套"；广义的河套平原，还包括宁夏的银川平原、内蒙古的土默川平原（前套平原）。位于巴彦淖尔盟南部。主体部分东西长约180千米，南北宽约60千米，总面积约1万平方千米呈扇弧形展开。

河套平原人口密度约145人/平方千

京包铁

米。有蒙古、汉、满、回、朝鲜、达斡尔、鄂伦春、鄂温克、壮、藏、苗、维吾尔、锡伯、彝、土家等民族。农业历史悠久，潜力很大。工业有钢铁、电力、机械、电子、化工、建材、毛纺、皮革、化纤、食品、造纸、制药等数十部门，主要集中在呼和浩特市和包头市。京包铁路与包兰铁路横贯东西。

河套地区土壤肥沃，灌溉系统发达，适于种植小麦、水稻、谷、大豆、高粱、玉米、甜菜等作物，一向是西北最主要的农业区。今天，河套地区被称为"塞外米粮川"。河套地区的畜牧业和水产业也很发达。河套平原地势平坦，土地肥沃，渠道纵横，农田遍布。有可耕地面积960多万亩，现已开垦500多万亩，盛产小麦、玉米、高粱、大豆、糜麻、葵花、甜菜、酒花、瓜果、大白菜等作物。这里是自治区小麦的主要产区。蜜瓜、大白菜、酒花、葵花、枸杞等是驰名全国的特产。

• 珠江三角洲平原

旧称粤江平原，简称"珠三角"，又叫"南粤"，位于中国广东省东部沿海，是西江、北江共同冲积成的大三角洲与东江冲积成

的小三角洲的总称。呈倒置三角形，底边是西起三水市、广州市东到石龙为止的一线，顶点在崖门湾。面积约1.1万平方千米。冲积层薄，一般20～30米。地面起伏较大，四周是丘陵、山地和岛屿，占面积30%。中部是平原，分布在广州市以南、中山市以北、江门以东、虎门以西。珠江水系年均输沙量达8000多万吨，河口附近三角洲仍在向南海延伸。在河口区平均每年可伸展10～120米，成为中国重点围垦区之一。三角洲属于亚热带气候，终年温暖湿润。年均温21～23℃，最冷的1月均温13～15℃，最热的7月均温28℃以上。6～10月，常有台风影响，降雨集中，天气最热。年均降水量1500毫米以上。多雨季节与高温季节同步，土壤肥沃，河道纵横，对农业有利。水稻单位面积产量在中国名列前茅。热带、亚热带水果有荔枝、柑橘、香蕉、菠萝、龙眼、杨桃、芒果、柚子、柠檬等50多种。发展了桑基鱼塘、果基鱼塘、蔗基鱼塘等立体农业结构形式，成为中国生态农业的典范。有制糖、丝织、食品、造纸、机械、化工、建筑材料、造船等工业，有"南海明珠"之称。

• 汾河平原

汾河平原又称汾河谷地，位于山西省中部和南部，北接忻定盆地（忻县、定襄），南接渭河平原，走向为东北—西南向再转东西向，是因汾河冲积而成的河套平原。

• 渭河平原

关中盆地夹持于陕北高原与秦岭山脉之间，为喜马拉雅运动时期形成的巨型断陷带。盆地两侧均为高角度正断层。断层线上有一连串泉水和温泉出露。南北两侧

它大体分成南、北两部分：北部是在石岭关与灵石间的太原盆地，海拔 700 ~ 800 米，是汾渭平原中最广阔的部分；南部为霍县与稷山县之间的临汾盆地，海拔 400 ~ 500 米。土壤肥沃，灌溉发达，是山西省重要粮、棉产区。

山脉沿断层线不断上升，盆地徐徐下降，形成地堑式构造平原。西起宝鸡，东至潼关，海拔约 325 ~ 800 米，长约 300 千米。南北宽窄不一，东部最宽达 100 千米，西安附近约 75 千米，眉县一带仅 20 千米，至宝鸡逐渐闭合成峡谷，形似新月。面积

约 3.4 万平方千米。因在函谷关和大散关之间（一说在函谷关、大散关、武关和萧关之间），古代称"关中"。春秋战国时为秦国故地，号称"八百里秦川"。

渭河由西向东横贯渭河平原，干流及支流泾河、北洛河等均有灌溉之利，中国古代著名水利工程如郑国渠、白渠、漕渠、成国渠、龙首渠都引自这些河流。关中平原自然、经济条件优越，是中国历史上农业最富庶地区之一。又因交通便利，四周有山河之险，从西周始，先后有秦、西汉、隋、唐等 10 代王朝建都于关中平原中心，历时千余年。目前，关中平原为中国工、农业和文化发达地区之一，全国重要麦、棉产区。小麦占耕地面积 50% 左右，棉花主要分布于泾惠渠、洛惠渠、渭惠渠 3 大灌区，近年植棉区由西向东转移，是陕西省重点产棉区。

北洛河

渭河平原为什么自古被称为是"金城千里，天府之国"的地方？

渭河平原位于陕西省中部，是陕西最富足的地方，也是中国最早被称为"金城千里，天府之国"的地方。"金城千里"指渭河平原四周为山原、河川所环抱，犹如一座规模庞大的天然城堡。关中南有秦岭，西有陇山，北面是黄土高原，再向北方和西北方还有黄河天堑为屏障，东面也有黄河阻隔，四面都有天然地形屏障，易守难攻，从战国时起就有"四塞之国"的说法，所以汉代张良用"金城千里"来概括关中的优势，劝说刘邦定都关中。战国时期，苏秦向秦惠王陈说"连横"之计，就称颂关中"田肥美，民殷富，战车万乘，奋击百贸，沃野千里，蓄积多饶"，并说，"此所谓天府，天下之雄国也"，这比成都平原获得"天府之国"的称谓早了半个多世纪。这是因为关中从战国郑国渠修好以后，就成为了物产丰富、帝王建都的风水宝地。

• 成都平原

成都平原，又称川西平原、盆西平原，为中国西南最大平原、河网稠密地区之一、中国最大芒硝产地，位于四川盆地西部。广义的成都平原介于龙泉山、龙门山、邛崃山之间，北起江油，南到乐山五通桥，包括北部绵阳、江油、安县间的涪江冲积平原，中部岷江、沱江冲积平原，南部青衣江、大渡河冲积平原等。三平原之间有丘陵台地分布，总面积23万平方千米。狭义的成都平原仅指灌县、绵竹、罗江、金堂、新津、邛崃六地为边界的岷江、沱江冲积平原，面积8000平方千米，是构成川西平原的主体部分。因成都市位于平原中央故称成都平原。

平原内的河流有流经广汉、金堂县的沱江，经过都江堰、新津的岷江，从都江堰分流经温江到武侯区到华阳的江安河，从都江堰分流经郫县到成都的清水河，从都江堰分流经彭州到青白江的青白江，从都江堰分流经郫县三道堰，经金牛区流入成都市区的锦江等。成都平原的很多河流的源头都可以追溯到都江堰的岷江。沙河、府南河为锦江的分支，清水河注入锦江；锦江与江安河在华阳汇合形成府河，府河在彭山重新注入岷江。

成都平原农田水利十分发达，远在公元前250年的秦代就修建了举世闻名的都江堰水利工程。都江堰引岷江水灌溉平原上广大农田，使其成为四川省种植业发展最早的地区之一。近50年，经过不断的治理改造和扩建，都江堰灌溉面积增加了3倍，灌溉面积达53～67万公顷。从两汉时期一直到唐宋，成都平原的蜀绣、蜀锦、藤艺、竹器、漆器等奢侈品营造工艺一直处于高度发展状态。

失落的古文明——古蜀文明

　　古蜀文化是一支较为发达的新石器时代晚期文化，主要分布在川西平原一带，因新津宝墩遗址而得名。重要遗址有新津宝墩、都江堰芒城、郫县古城、温江鱼凫城等。宝墩文化可分为4个发展阶段，绝对年代约为公元前2700—1800年。当时的成都平原还在中国的长江上游，四川盆地的西部有一块富饶而富有传奇故事的地方——成都平原，对这片土地发生过的那些遥远的历史，过去是通过简略的文献记载所了解到的，有关蚕虫纵目、鱼凫神化仙去、杜宇化鹃、开明复活等传说早已为人所熟知，同时也使古蜀历史蒙上神秘色彩。"蚕丛及鱼凫，开国何茫然。尔来四万八千岁，不与秦塞通人烟"，伟大浪漫主义诗人李白在唐代这样描述着古蜀国的历史。虚无缥缈的历史传说一直就是古蜀国历史的全部。1929年，四川广汉三星堆的农民燕道诚无意中发现了大量的玉璋、玉璧等，毫无疑问，这就是古蜀文明，由此开始了几代考古人寻梦之路。考古工作者们经过不懈的努力，基本把握住了古蜀文明发展演进的脉络：以成都平原史前城址群为代表的宝墩文化 — 以三星堆遗址为代表的三星堆文化 — 以成都金沙遗址为代表的十二桥文化 — 以成都商业街船棺、独木棺墓葬为代表战国青铜文化 — 秦灭巴蜀，辉煌壮美的古蜀文明最后融入汉文化圈，成为中华文明的重要组成部分。

• 西昌平原

西昌平原位于川滇结合部，面积2651平方千米，总人口80余万，其中城市人口25万。西昌市是凉山彝族自治州首府，为全州政治、经济、文化的中心，是国务院批准的对外开放城市和国家少数民族地区开放实验区。

这里气候宜人，资源富集，民族风情古老淳朴，既是四川省"攀西资源综合开发"重点地区，又是四川省有名的"历史文化名城"；既享有"月城""小春城"之美誉，又为四川省优质稻米、茧、丝、果、花卉、蔬菜、肉食生产基地和中国洋葱之乡、中国花木之乡；既有高科技卫星发射基地，又有邛海、螺髻山国家级重点风景名胜区和融儒、释、道"三教合一"的"川南胜景"泸山等自然景观。此外，全市水电

充裕、交通便捷，尤其是中国电信的通信网络在这里四通八达、优质可靠，为在当地投资提供了良好的环境。

西昌是国务院批准的开放城市和旅游区，旅游资源十分丰富。素称"川南胜景"的泸山矗立于邛海南岸，主峰2377.5米，山上有茂密的云南松，并有保存完好的黄杉、汉柏、唐柏等珍稀古木；林间掩隐着汉、唐、明、清代依山建造的隐溪寺等十余座古刹、殿宇；山麓有全国罕见的地震碑林及凉山彝族奴隶社会博物馆。境内著名的景观，还有城内南诏景庄王修建的古白塔，纪念红军长征彝海结盟的塑像和取材于彝族民间故事的大型钢铸——月亮的女儿。此外，境内还有奇峰突兀、瀑布

高挂、原始森林浓荫蔽日、古冰川遗迹保存完好的螺髻山风光以及千姿百态栩栩如生的黄联土林。

西昌月亮之美主要美在自然。西昌地处安宁河平原，面积仅次于成都平原，有"四川第二大平原"的美称，属亚热带季风气候。常年平均气温为17℃，最冷的1月平均气温也在10℃左右，而7、8月的平均温度却不过24℃或25℃而已，是中国年气温变化最小的地区之一。更重要的是，西昌地区雨旱两季分明，每年只有6月至9月为雨季，且多半是夜雨和午后阵雨，其余月份为旱季，晴天多达320天，几乎没有雾日。西昌地处川西高原，海拔较高，加上山林和邛海对大气层的过滤，大气中悬浮物质少，空气透明度高，污染小，雾日极少，能见度极好。每个初到西昌的人往往都惊讶于头顶的那片蓝天为何能像刚刚清洗过一样纤尘不染。据说在西昌能够在月光下看书、读报，并且每年有300多个夜晚都能看到皎洁的明月。杨升庵贬守保山，多次游历邛海，并见证了西昌城头那轮比故乡成都更圆的月亮。也正是由于这个得天独厚的气象地理条件，西昌成为中国最理想的卫星发射基地。随着一颗颗卫星飞向太空，西昌这个原本名不见经传的山区小城，成为著名的航天，也因此而渐渐吸引了全球人的目光。

当夜幕渐渐降临，一轮硕大的明月便会挂在高高的夜空，洒下万顷银辉。全国各地虽然都能看到月亮，共同沐浴银色的清辉，但惟有西昌的月更大、更圆、更明亮，如水洗玉盘，从而更富有诗情画意。

• 河西走廊

　　河西走廊又称甘肃走廊，其南为海拔四五千米的祁连山脉。其由一系列北西走向的高山和谷地组成，西宽东窄，由柴达木盆地至酒泉之间为最宽，约300千米。祁连山山峰海拔多在4000米以上，

雪和冰川在每年特定的季节融化，为这一地区大量的绿洲和耕地提供了源源不断的源头活水。北侧则为龙首山—合黎山—马鬃山（北山），绝大多数山峰海拔在2000～2500米之间，个别高峰达到

最高峰疏勒南山团结峰海拔为5808米，这基本上接近了青藏高原大多数山峰的高度。祁连山北侧和南侧分别以大起大落的明显断裂由高山一下降至平原，北坡与河西走廊的相对高度在2000米以上，而南坡与柴达木盆地间仅1000多米。在祁连山4500米以上的高山上，有着丰厚的永久积雪和史前冰川覆盖，这些积

了3600米。这里山地地形起伏，逐渐趋于平缓，可以算准平原。河西走廊介于祁连山与马鬃山（北山）之间的狭长平地，因其位于黄河以西，故得名。

　　河西走廊历代均为中国东部通往西域的咽喉要道。汉唐以来，成为丝绸之路一部分。15世纪以后，渐次衰落。目前亦为沟通中国东部和新疆的干道，为

西北边防重地。

　　古代丝绸之路在这里通过，张骞出使西域非要经过当时匈奴所控制的河西走廊，原因就在河西走廊的特殊地理位置上。唐代诗人李白有诗："明月出天山，苍茫云海间。长风几万里，吹度玉门关。"其中的"天山"即指祁连山。河西走廊就位于祁连山山脚下，它的兴衰存亡完全依赖与祁连山

的雪水。而祁连山正处在我国地势的第一级阶梯和第二级阶梯之间，位于青藏高原北缘，平均海拔4000米以上。海拔如此之高，如果张骞要绕路南行，岂非要九死一生地去翻越它这在当时的情况下是不切实际的。

　　河西走廊属于祁连山地槽边缘凹陷带。喜马拉雅运动时，祁连山大幅度隆升，

走廊接受了大量新生代以来的洪积、冲积物。自南而北，依次出现南山北麓坡积带、洪积带、洪积冲积带、冲积带和北山南麓坡积带。走廊地势平坦，一般海拔 1500 米左右。沿河冲积平原形成武威、张掖、酒泉等大片绿洲。其余广大地区以风力作用和干燥剥蚀作用为主，戈壁和沙漠广泛分布，尤以嘉峪关以西戈壁面积广大，绿洲面积更小。

在河西走廊山地的周围，由山区河流搬运下来的物质堆积于山前，形成相互毗连的山前倾斜平原。在较大的河流下游，还分布着冲积平原。这些地区地势平坦、土质肥沃、引水灌溉条件好，便于开发利用，是河西走廊绿洲主要的分布地区。

河西走廊气候干旱，许多地方年降水量不足 200 毫米，但祁连山冰雪融水丰富，灌溉农业发达。以黑山、宽台山和大黄山为界将走廊分隔为石羊河、黑河和疏勒河三大内流水系，均发源于祁连山，由冰雪融化水和雨水补给，冬季普遍结冰。各河出山后，大部分渗入戈壁滩形成潜流，或被绿洲利用灌溉，仅较大河流下游注入终端湖。

河西走廊的气候属大陆性干旱气候，尽管降水很少（年降水量只有 200 毫米左右），但发展农业的其他气候条件仍非常优越。当地云量稀少，日照时间较长，全年日照可达 2550 ~ 3500 小时，光照资源丰富，对农作物的生长发育十分有利。

因地处中纬度地带，且海拔较高、热量不足，但作物生长季节气温偏高，加之气温日变化大，有利于农作物的物质积累，特别适于瓜果糖分的积累。

河西走廊的耕地主要分布在山前平原上。冲积扇上部组成物质以砾石为主，夹有粗沙，目前被很少利用；冲积扇中部和下部组成物质以沙土为主，多辟为耕地。冲积平原土质较细，组成物质以亚沙土、亚黏土为主，也是开耕的主要区域。在长期耕作灌溉条件下形成厚达 1 米、有机质含量高、土壤肥力高的土层，为发展农业提供了优越的条件。

走廊西部分布棕色荒漠土，中部为灰棕荒漠土，走廊东部则为灰漠土、淡棕钙土和灰钙土，淡棕钙土分布在接近荒漠南缘的草原化荒漠地带，灰钙土分布在祁连山山前黄土丘陵、洪积冲积扇阶地与平原绿洲。灰棕荒漠土带的西端以石膏灰棕荒

石羊河

85

漠土为主，东端以普通灰棕荒漠土和松沙质原始灰棕荒漠土为主，东北部原始灰棕荒漠土和灰棕荒漠土型松沙土占显著地位。盐渍土类广泛分布于低洼地区，自东向西，面积逐渐扩大。草甸土分布面积则自东向西缩小。

地带性植被主要由超旱生灌木、半灌木荒漠和超旱生半乔木荒漠组成。东部荒漠植被具有明显的草原化特征，形成较独特的草原化荒漠类型，如珍珠猪毛菜群系、猫头刺群系，除常见的荒漠种红沙、合头草、尖叶盐爪爪等，还伴生有不同程度的草原成分，主要有沙生针茅、短花针茅、戈壁针茅、无芒隐子草、中亚细柄茅、多根葱、蒙古葱等。西部广布砾质戈壁和干燥剥蚀石质残丘，生态环境更加严酷。砾质戈壁分布有典型的荒漠植被，如红砂、膜果麻黄、泡泡刺、木霸王、裸果木等群落类型。流动沙丘常见有沙拐枣、籽蒿、沙米、沙芥等。固定沙丘常见有多枝柽柳、齿叶白刺、白刺等。疏勒河中、下游和北大河中游有少量胡杨和尖果沙枣林。河流冲积平原上分布有芦苇、芨芨草、甘草、骆驼刺、花花柴、苦豆子、马蔺、拂子茅等组成的盐生草甸。为防止风沙和干热风侵袭，绿洲地区采用钻天杨、青杨、新疆杨、沙枣等营造防风

林带，效果显著。

　　河西走廊灌溉农业区历史悠久，是甘肃省重要农业区之一，是我国西北内陆著名的灌溉农业区。它是西北地区最主要的商品粮基地和经济作物集中产区。它提供了全省2/3以上的商品粮、几乎全部的棉花、9/10的甜菜、2/5以上的油料、啤酒大麦和瓜果蔬菜。平地绿洲区主要种植春小麦、大麦、糜子、谷子、玉米及少量水稻、高粱、马铃薯。油料作物主要为胡麻。瓜类有西瓜、仔瓜和白兰瓜，果树以枣、梨、苹果树为主。山前地区以夏杂粮为主，主要种植青稞、黑麦、蚕豆、豌豆、马铃薯和油菜。河西畜牧业发达，如山丹马营滩自古即为著名军马场。矿产资源有玉门石油、山丹煤、金昌镍及其他多种金属。

　　民族有汉、蒙古、藏、裕固、哈萨克、回、满等。以汉族为主，主要在绿洲区从事农业。藏族、裕固族、哈萨克族、蒙古族则从事牧业。

　　河西走廊独特的地貌特征也使得当地旅游资源丰富。其中景点众多，著名的有：

　　敦煌莫高窟，始建于前秦建元二年（公元366年），是一座举世闻名的佛教艺术宝库，一朵有1600余年历史的旷世奇葩。至今仍有保存完整的洞

窟 492 个，里面珍藏着历史壁画 45000 多平方米、彩塑 2400 多身，还有唐宋木结构建筑 5 座。莫高窟的艺术是融建筑、彩塑、壁画为一体的综合艺术。它是我国，也是世界现存规模最宏大、保存最完整的佛教艺术宝库。1991 年被联合国教科文组织列入"世界文化遗产"名录。

"榆林窟"俗称"万佛峡"，是莫高窟的姊妹窟。榆林窟现存 41 个洞窟，共保存壁画 5650 幅、彩塑 272 身，与莫高窟同一时期。其中，中唐 25 窟为其精华，因这里曾珍藏稀世珍宝象牙佛而闻名于世。

"海市蜃楼"是敦煌的又一奇观，在晴朗炎热的夏日，敦煌的戈壁瀚海中常能看到神秘的蜃景。尤其是在敦煌至阳关、玉门关公路两侧，可以看到波涛澎湃的"海水"、高大的"山川"、整齐的"建筑"、错落有致的"城市"。这些景致若隐若现，

为中日合拍电影《敦煌》而仿照沙州古城和"清明上河图"修建的人文景观和影视拍摄基地。现已拍摄过《敦煌》《封神榜》等20多部电影、电视片。

"三危圣境"以其神、奇、灵、峻而著称，"危峰东峙"是敦煌"八大景"之一。三危山主峰与莫高窟隔(大泉)河相望，相传西王母、观音菩萨、太上老君曾云游此山。目前，仍然保留古建筑"王母宫""观音井""老君堂"等。特别是1600多年前，乐僧和尚云游此山，夕阳西下时万道金光中出现了千万尊佛的金身，便开凿了莫高窟第一个洞窟。

西千佛洞，因地处莫高窟之西而得名，现存石窟17个，与莫高窟同一时代，石窟的结构、彩塑、壁画艺术风格等与莫高窟体系相近。在光辉灿烂的敦煌艺术中占有重要位置。

玉门关雅丹魔鬼城位于玉门关西90千米外，一处典型的雅丹地貌群落，东西长约25千米，南北宽约1~2千米，遇有风吹，鬼声森森，夜行转而不出，人们俗称"魔鬼城"。其整体像一座中世纪的古城。这座特殊的"城堡"：有城墙、有街道，有大楼、有广场，有教堂、有雕塑，其形象生动、惟妙惟肖令世人瞠目。这些大自然的杰作，堪称鬼斧神工，奇妙无穷。

十分壮观。

"敦煌古城"，又称为"敦煌影视城""仿宋沙州城"。占地面积1.21万平方米，是

 丝绸之路

　　中国是世界上第一个养蚕制丝的国家。公元前 139 年，西汉著名的外交家、旅行家张骞带领一支队伍，首次从长安出使西域，到达楼兰、龟兹、于阗等地，其副手更远至安息（伊朗）、身毒（印度）等国进行友好访问。在回国时，所到国的使者亦随同回访中国。各国商人也紧随其后，开始不断地奔波在他们所开辟的丝绸之路上。公元 73 年，为确保为战争所阻的丝绸之路能畅通无阻，班超和从事郭恂带领 36 名随从人员出使西域。其副手甘英到达了大秦（古罗马）并转道波斯湾，扩展了原有的丝绸之路。至此，一条长 1 万里，穿越广阔田野、无垠沙漠、肥沃草原和险峻高山的安全通道将中国的古都长安（今日西安）和地中海东岸国家联系起来。丝绸之路从此正式成为中国联系东西方的"国道"。

　　十几个世纪以来，古丝绸之路将中国的文化与印度、罗马及波斯文化联系起来，将中国的丝绸、火药、造纸及印刷术这些伟大的发明传到了西方，也将佛教、景教及伊斯兰教等及相关的艺术引入中国。自古以来，丝绸之路就一直是中外人民友好交往的纽带和桥梁。

• 汉水谷地

汉水谷地即汉江谷地，陕南汉水谷地，包括汉中、洋县、城固、石泉、汉阴、恒口、安康、紫阳等河谷地区，以及旬阳、白河等狭窄谷地。它位于陕西省秦岭以南，是有"中国莱茵河"美誉的汉江冲积而成的平原和残丘，西起陕西勉县的西界，东至陕西与湖北交界的白河县东界，南边和北边在西段的汉中部分是以海拔在700米以下的低丘和平原为界，在东段的安康部分则是以海拔500米以下的低丘和平原为界，整个陕南汉水谷地的总面积在8000平方千米到1万平方千米左右。汉江谷地人口大概有434万人，人口密度约为200～500人/平方千米，其中西部汉中盆地人口密度约为700人/平方千米，明显大于东部。秦岭像一座屏障，挡住了来自西伯利亚的寒流和黄土高原的风沙，使汉水谷地气候温和湿润，汉水谷地年平均气温保持在14℃以上，年降水在800毫米左右，无霜期210～270天。农作为

稻麦一年两熟，农田灌溉历史十分悠久，仅汉中附近盆地就有大小水库数百座。

汉水谷地是大西北的"另类"，无论就自然景观还是人文景观，都恰似陕西的一只脚伸到了南方，一扫西北的荒凉贫瘠，满目是青山绿水。汉水是长江最大支流，发源于秦岭，从西向东缓缓流过，似一条玉带镶嵌在陕南大地。作为北亚热带湿润季风地区的一部分，谷地是陕西省水、热资源最丰富的地区，聚集了陕西全省60%的水资源，人均占有水资源量4000立方米，远高于全国人均2685立方米的水资源拥有量，成为西北地区水资源最丰富的地区。农业生产和自然景观具有显著的南北过渡色彩，且以南方特色为主。盛产亚热带农林产品如茶叶、柑橘、油茶、桑蚕、生漆等。

汉水谷地是汉民族的发源地之一。几十万年前的远古先民，在这里繁衍生息。这里是黄河文化与长江文化碰撞和交融带，汉水为这片土地带来了江南的秀美和灵气，百姓性格虽不及北方汉子的粗犷豁达，却透出南方人的精细睿智。这里远离大城市的喧嚣，温度适宜，降水充沛，地势平坦，土地肥沃，物产丰富，人口集中，生活劳作习俗具有显著的南方色彩，人与环境和谐相处，精耕细作，成为陕南农业生产的精华地带，素有"鱼米之乡""小江南""秦巴山区的明珠"之称。

自古以来，汉水谷地就是连接西北与西南、东南的通道和辐射川陕甘鄂的主要物资、信息集散地之一，并具有重要的战略地位，历来是兵家争夺之要地，在20世纪六七十年代又曾经是中国重要的"三线"建设基地。今天这里又成为陇海经济区和长江经济区的对接带。

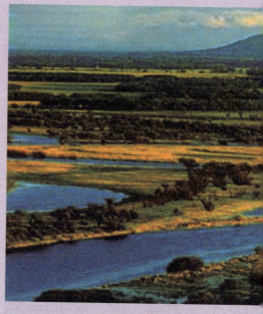

汉中是汉文化的发祥地，是全国历史文化名城、中国优秀旅游城市。早在2300多年前，汉中就已设郡。安康古称金州，地理位置十分特殊，它南依大巴山，北靠秦岭，地接重庆、湖北十堰等地，是重要的商贸集散之地。白河谷地为鄂陕门户，故有"秦头楚尾"和"小武汉"的称谓，紫阳是中国七大茶区之一，出产的紫阳茶因含有大量的硒元素，被冠以"富硒茶"的美誉。

● 台南平原

台南平原北起彰化县浊水溪南岸，向南至高雄县高屏溪（下淡水溪）西岸，东以阿里山系及其余脉丘陵为屏障，西滨台湾海峡，呈枣核形。南北长180千米，东西最大宽度约50千米，面积4550平方千米，人口密度727人/平方千米，是包括彰化、云林、嘉义、台南等县市的滨海平原，海拔均低于100米，为我国台湾省第一大平原。

优越的水资源、肥沃的土地、宜人的居住环境、便捷的交通网，作为陕西经济发展的南翼，汉水谷地具有巨大的发展潜力，值得我们更多关注和热爱。

台南平原主体为嘉义县市、台南县市以及云林县和彰化县。地跨北回归线，夏天7、8月间平均气温达到33℃左右，冬季1、2月平均气温在16℃上下。年降雨量1500～2500毫米，多集中于6至8月间。四季树木葱茏，农作物南部一年三熟。

QUAN QIU PING YUAN BO LAN

的甘蔗产区。

台南平原虽经过300多年的开发，但生态环境保持良好，农林渔业资源丰富，农业依旧占主导地位，稻米、柑橘、甘蔗等产量位居台湾前茅，生态农业、园林花卉等也处于领先地位。人文景观多样，地方文化传承有序，生活悠闲，民风质朴。在2007年台湾23县市幸福指数调查中，嘉义市、台南市分别列第四和第五位。

台南市古迹很多，为全省之冠。现有古迹70余处，占全省的一半以上，其中列为全省一级古迹的有7处，多是荷兰殖民者占领台湾时期和郑成功时期留下的。全市古迹分布可分为市内区和安平区两部分。市内的主要古迹有赤嵌楼、孔庙、武庙、延平郡王祠、竹溪寺、开源寺、大南门、小西门等；安平区则有台湾城残迹、延平街、二鲲（鱼身）炮台、德记洋行、东兴洋行等。

台南平原是台湾岛上开发最早的地区。从大陆漂洋过海的移民同当地先民们一起开拓了这块荒原，成为台湾农业的发祥地。经过千百年来台湾人民的辛勤耕耘，发展农业，兴修水利，把这片荒草覆盖的原野变成了肥沃的良田。今日的平原上河渠如网，相间的蔗田和稻田一望无际；平直的海岸上，盐田星罗棋布，一条条纵横的铁路穿插其间。这里是台湾省农业最发达的地区，尤其是在台湾的经济以米、糖为其支柱的时代，台南平原的农业乃是台湾经济发展的基础。以后，随着现代工业的发展，米、糖在台湾经济中的地位虽然远不及从前，但台南平原的农业生产，对台湾经济依然占有极为重要的地位。台湾是我国最重要的甘蔗产区之一，而台南平原是台湾栽种历史最悠久、种植面积最大

95

● 平原与人类文明

世界上人类古代文明的发祥地大都位于河海之滨或河流交汇之地。埃及的尼罗河、印度的恒河、美索不达米亚原野上的幼发拉底河和底格里斯河、中国的黄河，都是人类古老文明的血脉。

QUAN QIU PING YUAN BO LAN

两河文明 〉

底格里斯河和幼发拉底河中下游，通常称作美索不达米亚（希腊语意为"两河之间的土地"）平原，这个地方是古代人类文明的重要发源地之一，创造了举世闻名的两河流域文明。两河流域文明由苏美尔文明、巴比伦文明和亚述文明三部分组成，其中巴比伦文明以其成就斐然而成为两河流域文明的典范，古巴比伦

时涨时落，只有建设起堤坝沟渠来蓄水排涝，人们才能耕种收获。两河流域的居民主要使用牛、驴拉着木犁耕地，最主要的农作物是大麦和椰枣。大麦酒是人们最喜欢喝的饮料，椰枣是人们的主食之一。古代两河流域人民编写了人类历史上最早的农书《农人历书》。《农人历书》以一个老农民教育儿子的口气写的。这位老农民对儿子不厌其烦地讲述应该如何务农，要注意的各种事情。比如，怎样节省灌溉用水、不要让牲畜践踏田地、驱赶食谷的飞鸟、及时收割等等。大约在5000年前，古代两河流域的居民就会制作陶器了。他们制作的陶器主要是彩陶，色彩富丽夺目。人们常用的生活用具像酒杯、油缸、炉子、灯盏等几乎全是陶制。最有趣的是，人死后用的棺椁也用陶

王国与古埃及、古印度和中国构成了人们所说的世界四大文明古国。

两河流域文明起源于两河流域南部。这里是两河的冲积平原和三角洲，同埃及的尼罗河一样，两河也是定期泛滥，

麦秸

土砖

土烧制，形状像个有盖的长方形大箱。古代两河流域缺少石料，最主要的建筑材料是黏土。垒墙、盖房、铺路，都使用黏土掺上切碎的麦秸制作的土砖。古代两河流域的城市建筑物都是用这种黏土修建的。古代两河地区的金属制造工艺达到了相当纯熟的水平。我国商代有司母戊大方鼎，大约在同一时期，两河流域有重约 2 吨的青铜铸像，手工业行业很多，像制砖、织麻、刻石、珠宝、皮革、木业等等。古代两河流域人民在文化上也有巨大的成就，在人类文化宝库中留下了一笔丰厚的遗产。他们很早就有了文字，这就是著名的楔形文字。楔形文字虽然始终没有发展成拼音文字，但在人类早期文字中，它是发展得比较完备的一种。两河流域在文学上的主要成就是谚语、神话和史诗。苏美尔人丰富的谚语有少数被记录在泥版文书上，其中有的反映了当时的社会矛盾和风气。比如："穷人死掉比活着强""想吃肉就没有羊了，有了羊就吃不上肉了""妻子是丈夫的未来，儿子是父亲的靠山，儿媳是公公的克星"。有的是生活经验的深刻总结："鞋子是人们的眼睛，行路增长人的见识" 等等。两河流域的神话传说特别引起后人的兴趣。

泥版文书

人们发现，基督教《圣经·旧约》中的一些故事的渊源在古代两河流域。如有一首叙述神创造世界故事的诗歌与《圣经》的创世故事十分想象，都说神在第六天创造了人，第七天休息。《圣经》中讲蛇引诱亚当、夏娃偷食禁果，两河流域的神话也讲人的祖先因受到引诱而犯罪。《吉尔伽美什》史诗是古代两河流域最有名的英雄史诗，诗中塑造了一个蔑视神意、为民造福的英雄形象，并表达了人们希望获知生死秘密的愿望。它是世界上最早的史诗。两河流域科学的主要成就表现在数学和天文学方面。苏美尔人已经知道10进位制和60进位制，后者在古代两河流域应用得更为广泛。我们今天度量时间用小时、分、秒，以及把一圆周分为360度，都是继承了两河流域古人的成果。他们的面积单位、重量单位也多是60进位。古希腊、罗马都采用了这里的一些重量单位，欧洲有的地方甚至一直沿用到18世纪。古代两河流域的天文历法知识直接影响了欧洲的天文学。苏美尔人按照月亮的盈亏把一年分为12个月，共354天，同时设闰月调整阴历阳历之间的差别。到公元前7世纪，又形成了7天一星期的制度，每天各有一位星神

基督教

苏美尔人石像

101

"值勤"，并以他命名这一天，其顺序是：星期日（太阳神）、星期一（月神）、星期二（火星神）、星期三（水星神）、星期四（木星神）、星期五（金星神）、星期六（土星神）。直到今天，欧洲各国每周7天仍以这7星命名。不过，当时的历法仍是粗糙而不甚准确的。此外，古代两河流域人民对药物、植物、动物、地理等等也

续了约2000年。希腊人后来的许多成就，就是在两河流域文明基础上发展起来的。

大约公元前2006年，古巴比伦王国建立。古巴比伦人在苏美尔人的基础上，创造了更加绚丽的文明。在法国巴黎的卢浮宫里，我们可以看到世界上迄今为止保存最完整和最早的成文法典——《汉

有丰富的知识。早在5000多年前，两河流域的人们就创造这样发达的文明，真是令人神往。

欧洲古代文明的最高成就是古希腊文化。然而，当古希腊人还没有迈进文明时代的时候，两河流域的文明就已经延

谟拉比法典》。该法典全文共3500行，内容涉及盗窃动产和奴隶，对不动产的占有、继承、转让、租赁、抵押，涉及经商、借贷、婚姻、家庭等方面，法典对研究古巴比伦王国具有很高的学术价值。最令人神往的莫过于巴比伦的空中花园。

空中花园，阿拉伯语称其为"悬挂的天堂"。相传尼布甲尼撒国王为了治愈爱妻的思乡病，特地建造了这座超豪华的"天堂"献给她作为礼物。果然，爱妻思念家乡的愁容一扫而光，白皙的脸上顿时露出了欢快的笑容。空中花园为立体结构，共7层，高25米。基层由石块铺成，每层用石柱支撑。层层都有奇花异草，蝴蝶在上面翩翩起舞。园中有小溪流淌，溪水缘自于幼发拉底河河水。空中花园被誉为"世界七大古迹之一"。

星移斗转，历史的车轮滚滚前行。公元637年，阿拉伯人战胜波斯人，两河流域并入阿拉伯帝国的版图。在阿拔斯王朝统治时期，两河流域发生了一件重大事情：阿拉伯帝国的首都从大马士革迁到底格里斯河河畔的巴格达，巴格达遂成为帝国的政治、经济、文化中心。帝国首领哈里发的皇宫用大理石砌成，城门装饰着精雕细刻的花草、动物图案，窗户镶嵌着彩色玻璃，墙上挂着精美的壁毯；宫廷大院有喷水池，种植奇花异草；夜晚，来自帝国各地的达官显贵、皇亲国戚聚集宫中，仙乐飘飘，载歌载舞，通宵达旦。宫廷外围则是另一番景象。那里水渠纵横，沃野千里，田禾茂盛。两河沿岸的码头上停泊着密密麻麻的商船，河畔城市的市场繁荣，贸易兴盛。在政治统一、经济繁荣的基础上，以巴格达为中心的阿拉伯帝国创造了高度发达的文化。麦蒙统治时期，巴格达建立了智慧馆，翻译了古希腊重要的哲学和自然科学著作。阿拉伯数学家引进印度的十进制和数字0，传入欧洲后这些数字至今仍被称为"阿拉伯数字"。阿拉伯文学名著《一千零一夜》至今为人们所津津乐道。所有这些文明传入欧洲，加快了欧洲走出神权黑暗统治的步伐，点燃了欧洲思想智慧之灯，促进了欧洲的文艺复兴和近代自然科学的建立。

巴格达

楔形文字的发现

1472 年，一个名叫巴布洛的意大利人在古波斯，也就是今天的伊朗游历时，在设拉子附近一些古老寺庙残破不堪的墙壁上，见到了一种奇怪的、从未见过的字体。这些字体几乎都有呈三角形的尖头，在外形上很像钉子，也像打尖用的木楔，有的横卧着，有的则尖头朝上或者朝下，还有的斜放着，看上去像是一只尖利的指甲刻上去的。巴布洛非常诧异：这是文字还是别的什么？他带着这种疑惑回到了意大利。但是，当时没有人对他在西亚的这个发现感兴趣，人们很快淡忘了这件事。欧洲人并不知道，这就是楔形文字。

一百多年后，又有一个意大利人造访了设拉子，他就是瓦莱。瓦莱比巴布洛要勤奋，他把这些废墟上的字体抄了下来。后来，他在今天伊拉克的古代遗址，又发现了刻在泥版上的这种字体，因此他断定这一定是古代西亚人的文字。瓦莱把他的发现带回了欧洲。他让欧洲人第一次知道了这样一种奇怪的文字。

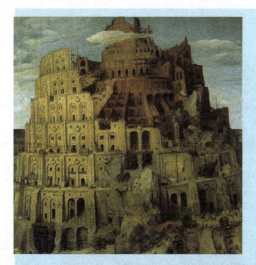

通过近 200 年对美索不达米亚的考古发掘，以及语言学家对大量泥版文献成功的译读，人们终于知道楔形文字是已知的世界上最古老的文字。它是由古代苏美尔人发明，阿卡德人加以继承和改造的一种独特的文字体系。巴比伦和亚述人也先后继承了这份宝贵的文化遗产，并把它传播到西亚其他地方。西方人最先看到的楔形文字，是伊朗高原的波斯人加以改造了的楔形文字，与苏美尔人、阿卡德人、巴比伦人以及亚述人使用的楔形文字有很大的不同。

尼罗河文明 >

　　稳定持久的尼罗河文明，即古埃及文明产生于约公元前3000年。埃及位于亚非大陆交界地区，在与苏美尔人的贸易交往中深受激励形成了富有自己特色的文明。

　　尼罗河流域与两河流域不同，它的西面是利比亚沙漠，东面是阿拉伯沙漠，南面是努比亚沙漠和飞流直泻的大瀑布，北面是三角洲地区没有港湾的海岸。在这些自然屏障的怀抱中，古埃及

人可以安全地栖息，无须遭受蛮族入侵所带来的恐惧与苦难。

作为"尼罗河赠礼"的埃及，每年尼罗河水的泛滥，给河谷披上一层厚厚的淤泥，使河谷区土地极其肥沃，庄稼可以一年三熟。据希腊多德记载：

"那里的农夫只需等河水自行泛滥出来，流到田地上灌溉，灌溉后再退回河床，然后每个人把种子撒在自己的土地上，叫猪上去踏进这些种子，以后便只是等待收获了。"在古代埃及，农业始终是最主要的社会经济基础。在如此得天独厚的自然环境和自然条件下,古埃及的历史比较单纯。从约公元前332年,亚历山大大帝征服埃及为止,共经历了31个王朝。其间虽然经历过内部动乱和短暂的外族入侵,但总的来说政治状况比较稳定。

　　古埃及的文字最初是一种单纯象形文字,经过长期的演变,形成了由字母、音符和词组组成的复合象形文字体系。今见古埃及文字多刻于金字塔、方尖碑、庙宇墙壁和棺椁等一些神圣的地方。埃及盛产的一种植物——纸草,其

希腊字母

茎干部切成薄的长条压平晒干,可以用作书写。这种纸草文书有少数流传至今。

字母的出现,约在公元前2500年至前1500年间。把声音变成字母这一巨大的进步,是古埃及人完成的。这些字母由埃及人传给地中海东岸(今叙利亚境内)的腓尼基人。作为亚洲文化和欧洲文化中介的腓尼基人,把这些字母演变成真正的音标文字,传到古希腊。这一字母系统,后经希腊人增补元音字母而进一步完备,形成希腊字母。希腊字母又经过一些改进后传遍四方。字母是古埃及人留给西方文明,乃至世界文明的重大文化遗产。

古埃及对天文学和数学所作出的贡献,足以和两河文明相媲美。他们创造了人类历史上最早的太阳历,把一年确定为365天。现在世界上通用的公历,其渊源来自于此。古埃及人很早就采用了十进制记数法,他们仍然没有"零"的概念。他们的算术主要是加减法,乘除法化成加减法做。埃及算术最具特色的是,已经初步掌握了分数的概念。在几何学方面,埃及人已知道圆面积的计算方法,但却没有圆周率的概念。他们还能计算矩形、三角形和梯形的面积,以及立方体、箱体和柱体的体积。

埃及的医学成就比美索不达米亚突出。埃及人制作的木乃伊(经过特殊处理的风干尸体),与他们的金字塔一样,举世闻名。制作木乃伊增长了埃及人的解剖知识,因而使他们的内、外科相当发达。他们的医术分工很细,据说每个医生只治一种病。

古埃及人最重要的精神生活是宗教。关心死亡,为来世(特别是国王的来世)做好物质准备,是埃及宗教信仰的一个主要特征。古埃及的木乃伊和金字塔(坟墓),都与这种宗教信仰有关。埃及人崇拜太阳神,特别在法老政权强化以后,埃及兴起了崇拜太阳神的运动。太阳神拉,后来又叫阿蒙拉,是埃及的最高神,法老(国王)则被视为太阳神的化身。因此,法老始终被认为是神王,没有神圣的法老与世俗的法老之区别。法老既然作为神王,其权力也就被神化,他

的话就是法律,因而埃及也就没有什么严密的法律制度。国家对经济生活的绝对控制,也是埃及文明的显著特征。

金字塔是埃及建筑艺术的典型代表,也是在国家控制下的埃及劳工最著名的集体劳动成果。金字塔是法老的陵墓,底座呈四方形,越往上越狭窄,至于塔端成为尖顶,形似汉字的"金"字,故中文译为"金字塔"。在欧洲各国语言里,通常称之为"庇拉米斯",据说在古埃及文中,"庇拉米斯"是"高"的意思。埃及境内现有金字塔七八十座,最为人们所熟悉的是尼罗河下游西岸,吉萨一带的金字塔,此地离埃及首都开罗只有十多千米。

其中最大的第四王朝法老胡夫(约公元前2590—公元前2568年在位)的金字塔,是古代世界七大奇观中唯一现存的古迹。

除金字塔之外,埃及的神庙、殿堂等建筑也颇为宏伟壮观。相形之下,埃及的人物雕像显得呆板冷漠,埃及的木乃伊文化令外人难以理解。总之,埃及文化的特点是神王合一,追求永恒,显得比较单一、稳定而保守。相对而言,埃及百姓的生活平庸而满足。与此相映的是,埃及工匠制造奢侈品的技术举世公认。埃及人最早发明了美容品,发展了制造美容品的技术。

印度河文明 〉

古代世界中最迷人、同时又是最神秘的文化之一,就是印度河文明,印度河流域青铜时代的城市文化,亦称哈拉帕文化。因其主要城市遗址哈拉帕得名。这种文化以印度河流域为中心,故称之为印度河流域文明。其存在年代约为公元前2350—前1750年。印度河流域文明的范围很广,西起苏特卡根·多尔,东达阿拉姆吉尔普尔,北起罗帕尔,南至巴格特拉尔。东西长约1550千米,南北长约1100千米。

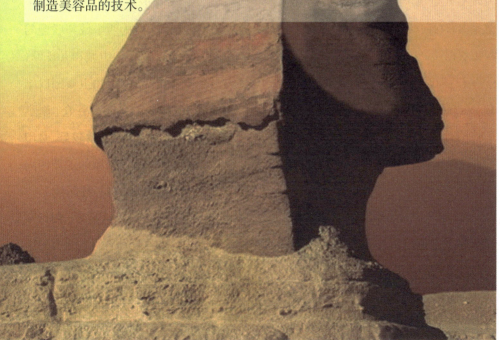

在哈拉帕文化之前,印度河流域已发现有大量属于前哈拉帕文化的遗迹,这是由农村向城市生活过渡时代的文化,已出现铜器。

在印度文明的城市遗址中,摩亨佐·达罗与哈拉帕的发掘规模最大。居第二位的有昌胡·达罗、卡利班甘、科特·迪吉、洛塔尔、兰格普尔、苏特卡根·多尔和索特卡·科赫等。

摩亨佐·达罗于1922年开始发掘,城址位于巴基斯坦信德省的拉尔卡纳县,靠近印度河的西岸。哈拉帕于1921年开始发掘,城址位于巴基斯坦旁遮普地区拉维河的东岸。两座城市的总面积各自约

有85万平方米。其居民总数各自约有3.5万人。两城相距644千米左右。可能是两个独立国家的都城,或为两个城邦联盟的中心。这两座城市都是由卫城和下城(居民区)两部分组成。哈拉帕卫城围以雄伟的砖墙,卫城北有一座大谷仓。摩亨佐·达罗的城市建筑遗址保存较好,是印度河文明的典型城市。该城的卫城四周有防御的塔楼,卫城的中心建筑物是一个大浴池,发掘者认为,这是为了履行某种宗教仪式用的。在浴池的东北有一组建筑群,其中有一座大厅,可能是这一地区最高首脑的官邸。在浴池的西面有一个作为大谷仓的平台,卫城南部另有一

青铜工具

组建筑物，其中心是一座约25米见方的会议厅。下城居民区，街道整齐，又宽又直。城市的房屋是用烧砖建筑的。房屋的大小、高低和设备差别很大。有十几间的楼房，有简陋的茅舍，阶级分化已很明显。在富人区有用烧砖砌成的完善的下水道系统，显示出印度河文明城市设计的高度水平。

印度河文明是青铜时代的文明。当时人们已经能够制造铜和青铜的工具与武器。铜器的使用较青铜更为普遍，石器也还没有完全被排除。这一时期居民的主要生产活动是农业。已发现的农具有类似长斧或宽凿的燧石犁头、青铜的鹤嘴锄与镰刀等。耕畜有水牛。种植的作物有大麦、小麦、稻、胡麻、豆类以及棉花等。金属的冶炼、锻造和焊接都已有较高的技术水平。制陶业和纺织业都很发达。商业贸易不仅在本地区进行，而且与西亚也有密切的来往。

印度河文明的文字主要保存在印章上。印章上的文字和雕刻图案结合，多为单行，由右而左，至多不超过20个符号。按过去的说法，印度河文明的创造者主要是原始达罗毗荼人，此外可能还有原始澳语人等。近来由于印章文字按印欧

113

语系解读的进展，有些学者认为印度河文明的创造者是印度—雅利安人。

印度河文明大约从公元前1750年以后逐渐衰落。有些地区如摩亨佐·达罗遭到巨大的破坏；有些地区出现不同类型的陶器和其他物质文化，即所谓朱卡尔文化(后哈拉帕文化)。关于印度河文明衰毁的原因，较有影响的说法有二：一种是外族入侵说；另一种是用地质学和生态学的因素来解释。

印度河文明毁灭后，印度历史进入一个衰退的"金石并用文化"时代。

黄河文明 >

黄河文明的形成期大体在公元前4000年至公元前2000年之间，前后经历了2000年之久。

• 阶段

中国历史上的五帝时代，即黄帝、颛顼、帝喾、唐尧、虞舜以及海岱地区的太昊、少昊。据文献记载，他们的族团主要在黄河中下游地区繁衍、生息、发展，创造了灿烂的黄河早期文明。这时的社会是邦国林立，出现了城郭、农业生产社会化、手工业专门化、礼制规范化。贫富分化，阶级产生，文化艺术也有长足的发展。这时的黄河文明处于大交融的形成时期，可以称为邦国文明，也可以说是华夏文明的初级阶段。

• 黄河文明的发展期

　　黄河文明的发展期是它的升华阶段。从时代来说主要是夏、商、周三代。这时的黄河文明主要凝聚在黄河中下游的大中原地区，大中原地区文化是黄河文明的中心。在大中原域内的河洛地区文化是黄河文明的核心。河洛地区大体包括黄河与洛河交汇的内夹角洲、外夹角洲以及黄河北岸的晋南和豫北。河洛文化圈向西可伸入关中，向东可以达到豫东。在河洛文化圈内，不仅有丰富的五帝传说和遗迹，而且还有夏商周三代王朝的国都。考古发现了属于王朝性质的都邑有登封王城岗原八方遗址古城、新密新寨古城、偃师二里头城址、郑州商城、偃师尸乡沟商城、安阳殷墟和洹北商城以及在陕西和洛阳发现的西周、东周都城遗迹，夏商周三代的都邑均在河洛地区。因此，河洛文化不仅是一个地区性文化，而且是延续约 2000 年的王都文化，是黄河文明最核心的载体。在这一历史阶段，出现了父传子家天下的政权体制，形成了比较成熟的国家机构，制定了比较完善的礼乐制度，出现了比较规范的文字，科学技术、农业、手工业、商业贸易飞速发展，划时代的青铜文化闻名中外。在河洛文化周围出现了巴蜀文化、吴越文化、楚文化、燕赵文化和齐鲁文化等，通过交流、吸纳、融合，给河洛文化注入了活力，在历史的舞台上显得更加活跃。在这一时期，出现了中国最早的诗歌总集《诗经》和哲理丰富的《易经》等许多不朽之作。影响中国几千年的道家、儒家、墨家、法家、兵家、等学派如雨后春笋在河洛地区一齐涌向社会，开创了中国学术界百家争鸣的黄金时代。河洛文化为黄河文明充实了内容，输入了新鲜血液，文明的光芒照亮了亚洲的东方，不仅大江南北、长城内外望尘莫及，即使在当时世界范围内也享有极高的声誉。

青铜文化

• 黄河文明的兴盛期

　　黄河文明的兴盛期，是进入封建帝国文明的历史阶段，自秦汉开始直至北宋，1000多年来，河洛地区一直处于核心地位。帝都文化推动着全国科学文化大踏步前进。秦始皇统一六国，废封建，立郡县，车同轨，书同文，统一度量衡。汉承秦制，对这一重大文明创造进一步规范、完善和推广。先秦时期的儒家、道家等学说，在历代王朝都得到继承和发扬光大。汉学是汉代学者创立的一个重要学派，源远流长，影响很大，他们对经学研究的成果，一直

被后世学者奉为经典。宋代的理学，对塑造中华民族的性格起到了重大的作用。中国最早的最高学府太学，设在东汉首都洛阳，学生最多时达3万人以上，历经曹魏、西晋，为全国各地培养了大批人才，出现了不少出类拔萃的人物。天象历法、农学、地学、医学、水利、机械、建筑、冶炼、陶瓷、酿造、纺织、造纸、活字印刷等科学技术，都创造了历史奇迹；汉赋、唐诗、宋词以及书法、绘画、雕塑等，都攀登上文化艺术的高峰；留传后世的各类史书浩如烟海，记载了古往今来王朝兴替以及社会发展的历史。著名的丝绸之路的起点，西汉时是西安，东汉至隋唐时是洛阳，西安、洛阳在当时是对外文化交流、商业贸易的国际大都市，由此，中国历史上的汉唐文明享誉世界。这就充分说明黄河文明的确发展到一个新的历史阶段，这个高度兴盛的黄河文明，其核心的确是在河洛文化范围内。

• 华夏文明的主体

华夏文明的主体是黄河文明，黄河文明的中心在中原地区，黄河文明的核心在河洛文化圈内。河洛文化最大的特点表现在以下3个方面：第一，国都文化连绵不断。黄河文明形成期的五帝邦国时代，黄帝都有熊，颛顼都帝丘，尧都平阳，舜都蒲坂；黄河文明发展期的夏商周王国时代，夏都阳城、阳翟、斟鄩、老丘，商都亳、隞、相、殷，周都丰镐、洛邑；黄河文明兴盛期的帝国时代，西汉至北宋一直建都在西安、洛阳和开封。上述都城均在河洛文化圈内，几千年的建都历史，形成了具有极

大影响的国都文化，这是河洛文化最突出的特点。第二，树大根深的根文化是河洛文化又一特点，有许多文明源头都在这一地区。如最早出现的国家在这里，近年启动的文明探源工程所确定的四个重点即临汾的陶寺、郑州的古城寨、新寨和王城岗也在这里，《河图》《洛书》和《易经》等被誉为传统文化源头的元典、华夏文化重要纽带之一的汉字也产生在这里。由于历史上各种原因，中原人口大量向4方播迁，甚至播迁到海外。现在播迁在外特别是海外华人，多自称是"河洛郎"，并且前来寻根拜祖，河洛地区成为文化寻根和姓氏寻根的圣地。第三，大一统的思想根深蒂固，形成了传统的民族基因。善于吸收、包融、开放、凝聚的民族个性，在河洛文化中都有充分的体现，但最突出的还是大一统的民族基因，从邦国、王国到帝国的几千年中，人们为维护国家的统一强大，反对分

陶寺

郑州的古城寨

新寨和王城岗

裂，一直进行着不懈的斗争，并且取得了辉煌的成就。这一优秀的传统现已成为整个中华民族坚如磐石的凝聚力和灵魂。

• 发源地

黄河之源为卡日曲，出自青海巴颜喀拉山脉各姿各雅山麓，东流经四川入甘肃，过宁夏入内蒙古，穿行陕西、山西、河南，由山东北部而入渤海，全长5494千米，为中国仅次于长江的第二大河。黄河分为三段，内蒙古自治区托克托县河口镇以上为上游，河口至河南孟津为中游，孟津以下为下游。黄河之源，有三条小河北支叫扎西、西支名曰古宗列曲，西南支便是黄河的正源卡日曲。三曲汇为一道东流入星宿海。这条由冰封雪覆的高山中涌出的河水，清澈见底，潺潺有声，活泼得如同嬉戏的儿童，整天整夜唱着快乐的歌。黄河的上游穿行在高山峡谷之间，跌宕起伏，湍急回旋，水流依旧清冽。及至中游，河口至孟津，流经黄土高原，含沙量大增，水色乃呈深黄，登高一望无垠的高原千万条沟壑如同黄土的巨龙，一齐拥入大河的怀抱，或者宛如千万条被硕大无棚的推土

机阵列拱动的土方，同时要推入大河筑起无数的堤坝。仿佛不是河水冲刷了黄土，而是黄土在亿万年里要天天掩埋河水。固执而又无羁的大河冲破一道道泥的堤、土的坝，一路扬波夹带着它俘虏的泥沙，自山西壶口飞流而下，震荡着天鼓，卷扬起罡风，隆隆复隆隆，昼夜不舍。直过孟津，地势平坦，华北平原展开胸怀抚揽着狂怒的河水。河水渐渐缓速，仿佛在作搏斗后的歇息。泥沙从怀中释落沉入河底，年年堆积，月月沉淤。于是两岸筑大堤，积年而增高，河底高于地面，黄河之水遂成地上之河，真如由天而来，奔向大海。

远在人类社会出现之前黄土高原早已是千沟万壑，无法计量的黄土涌入大河。

而黄河输入量的多寡又与太阳黑子活动周期有密切的关联。黄河几乎周期性地泛滥，一面夹带着泥沙，一面又造成广阔而肥沃的冲积平原。正是在这片黄色的原野，我们的先民创造了旱作农业文化，辉煌灿烂。黄河以她柔韧博大的胸怀哺育了黄河文明的先民，成就了黄炎部族和其他部族文明的大融合，这是我们民族的母亲河。黄河与黄土，这水与土的关系是自然界的地球化学过程，难言功过。这方水土培育了璀璨的文明，也是人类发展史上的进程。黄河的流变给了中华民族深邃而又辽远的启示和力量，成为其精神的象征。

沿着黄河走，在文明初始期的华夏大地上，有星罗棋布般的各具地域特色的多

• 古代文明的发祥地

古老的两河，培育灌溉农业，也让文学与数学之树开始发芽生长。轮子的发明，将交流和贸易成为现实；楔形文字的出现，让巴比伦人成为真正的文明人。于是在公元前3500年前，两河流域诞生了世界上第一批真正的城市。但是两河流域的古代文明建立在单一的灌溉农业基础上，一旦灌溉条件失去，古代文明也随之衰败，于是，古老的巴比伦文明就掩埋在亘占的沙尘之中。

中国的古代文化则不然，那时候东亚季风吹拂着华夏大地，复杂多样的自然环境虽然不如两河流域那样便于利用，却为我们的先民创造下多种生态因子，为先民发明创造更高更复杂的利用自然条件的技术铺下了客观基础。黄河与长江都发源自崇山峻岭，而不是两河流域那平坦的原野。从山岩喷泻而出的江流必须有较高的技术才能利用，而广大地域的多中心文化，又使得中华文化的发展不致因为某个中心的衰落而全体消亡，因此，中华古老文化的不曾中断和持续发展就是客观的必然。

个文化中心。多中心不平衡的发展，是这个时期的特点。那时的文化中心，大致可分为北方文化、南方文化、长城沿线文化、西北文化、东北文化等五部分。南北文化的过渡带与东西文化过渡带的交会区，正好如同一个大大的"十"字，形成了我国史前文化最发达的地带，这便是今日之西安—洛阳—开封一带的史前文化区，也就是黄河流域的文明发祥地。

121

我们的黄河从古至春秋时代就一直在今天华北平原一带不断演出"龙摆尾"的话剧。频繁的改道、汛滥形成大片的黄土原野为旱作农业提供了广袤肥沃而松软的土地，这一地带的气候也颇有规律，雨季正好在农作物的生长期。于是，适宜黄土带生长、成熟期短又易于保存的粟成为这一时期的主要粮食作物。黄河流域的古代文化既经历了自身长期的发展演变，又充分吸收了周围地带的文化精华，终于成为中华早期文明的主流。

• 古代文化遗存

黄河的古代文化遗存几乎遍及整个流域。黄河中下游广大地区是仰韶文化的集中地，从陕西的关中、山西的晋南、河北的冀南到河南大部，甚至远达甘肃交界，河套、冀北、豫东和鄂西北一带。早期的代表就是陕西临潼的姜寨。面对姜寨村落遗址，会让你生出无限的遐想。一个古代先民群居的场所，把远古拉到你的面前。河北中南部的磁山文化，河南的裴李岗文化，关中、陇东的老官台大地湾文化，是仰韶文化的前身。黄河上游甘肃地区的马家窑洞文化、齐家文化则是仰韶文化的后期，生产和社会的发展都跨入了一个新的阶段。甚至有人判断，齐家文化的下延可能已属奴隶社会。

黄河下游海岱地区文化则自成系列，北辛文化、大汶口文化、山东龙山文化一脉相承。有人说这依旧是仰韶文化的支系；有人则说这是受南方良渚文化的影响，因为陶器和玉器的制作都有良渚文化的特色；更有人说，大汶口文化和山东龙山文化是独立的文化中心中的一个。

无论学者怎样指点古代的文化遗存，那些无声的文物都在为我们说明，在古代，在那浩浩荡荡的黄河全流域的岸边、阶地活跃着我们先祖的身影，根据我国古史传说时代有关文献的研究，结合考古学文化推定，仰韶文化、中原龙山文化和陕西龙山文化，可以看作是华夏诸族的文化遗存，而大汶口—山东龙山文化则是属于东夷诸族的遗存。

黄帝、炎帝雕塑

• 历史传说

　　华夏诸族中最强有力的两个氏族便是黄帝与炎帝，而东夷诸族太、少、蚩尤是强大的中坚。炎帝发祥于陕西岐山之东的姜水河畔，部落沿渭水东下进入河南与东南部而达于山东，黄帝长于姬水之滨，由陕西北部率部达于河北涿鹿一带。东夷诸族处于黄河下游海岱地区，山东、豫东、豫南、皖中地区都是他们的活动范围。进入山东的炎帝与蚩尤部族发生战争，战败的炎帝求助于黄帝，黄炎两个部族结合起来，在涿鹿摆开了战场，同蚩尤厮杀。当

时蚩尤部族已经掌握了较高的冶铜技术，其文化当在黄炎部族之前，这一场古史传说时期的"涿鹿之战"直杀得天昏地暗。黄炎部落终于杀死了蚩尤，其部族一部分融入华夏，一部分南撤成为今日的南方诸族，另一部分则渡海而去。其实，这场战争是中华文明初始期的各地域、各支系文化的大冲撞、大融合，在古代没有信息传播媒介的情况下，迁徙争战是文化交融的手段。正是这场战争，使得黄河流域中下游的两种文化合而为一，甚至长江流域的

125

夏商青铜器

领袖禹，开始向建立第一个中国奴隶制社会夏王朝的历史进程前行。禹的威望和夏族较其他氏族先进的生产力都使禹成为事实上的各族首领。对那些阻碍夏族发展的势力如三苗、共工，禹都举兵征伐。再

良渚文化也融进中原文化之中，使这融汇多种文化精华而成的中原文化成为中华早期文明的中心。很难说比中原龙山文化水平更高的山东龙山文化的冶铜术，乃至早期的符号文字不对中原文化产生深远的影响。中原文化最终成为夏商青铜文化为代表的早期文明的核心，正是由于其融多种文化先进因素于一炉。因此，黄帝、炎帝、蚩尤都应当是我们中华民族的人文初祖，而给予永恒的崇敬。

公元前 2000 多年前，黄帝族后裔的一支夏后氏崛起，在生产力发展到一定水平和私有制产生的基础上，一场巨大的灾难让我们的民族在中原地区进入了文明时代。一场仿佛由天而降的洪灾遍及中原，夏禹治水成功的故事成为中华民族永不湮灭的传说，借助这次治水的成就，夏部落最后一位经原始社会推举而出的部落联盟

也没有什么力量可以阻止他的脚步，世袭制取代禅让制，阶级文明社会取代原始文明社会的钥匙就在他的手中，他正在揭开中华文明崭新的一页。那一年，据说是在公元前 21 世纪，据今 4000 多年，这个历史性的转变就发生在河南。

蜿蜒的长河孕育着璀璨的人类文明，而这些长河两岸广阔的冲积平原承载着人类文化，人们世世代代在这些辽阔的土地上生存繁衍。

平原，是人类的粮仓。

平原，是文明的载体。

平原，是生物的伊甸园。

千里平原，一马平川，肥沃的土地，丰富的资源，是大自然赠送给人类的厚重礼物。来吧，青少年朋友们，让我们一起走进这片生活的乐土，在世界各大广阔美丽的平原上纵横驰骋吧！

图书在版编目（CIP）数据

全球平原博览/张玲编著.—长春：北方妇女儿
童出版社，2015.7（2021.3重印）
（科学奥妙无穷）
ISBN 978-7-5385-9342-6

Ⅰ.①全…　Ⅱ.①张…　Ⅲ.①平原—青少年读物
Ⅳ.①P941.75-49

中国版本图书馆CIP数据核字（2015）第146844号

全球平原博览
QUANQIUPINGYUANBOLAN

出 版 人	刘　刚
责任编辑	王天明　鲁　娜
开　　本	700mm×1000mm　1/16
印　　张	8
字　　数	160千字
版　　次	2015年8月第1版
印　　次	2021年3月第3次印刷
印　　刷	汇昌印刷（天津）有限公司
出　　版	北方妇女儿童出版社
发　　行	北方妇女儿童出版社
地　　址	长春市人民大街5788号
电　　话	总编办：0431-81629600

定　　价：29.80元